全国高等职业教育规划教材

AutoCAD 2013 项目式教程

主　编　陈在良　余战波

副主编　赵战锋　向承翔　郑宏伟

参　编　徐明灿　魏向京

U0379451

机械工业出版社

本书以 AutoCAD 2013 为基础，系统介绍了 AutoCAD 的平面图形绘制、尺寸标注与尺寸约束、典型零件平面图的绘制、三维实体建模。全书体现基于工作过程的高等职业教育课程理念，采用项目式编写体例，每个项目包括"项目描述"、"知识准备"、"项目实施"、"项目拓展"、"练习题"5 个栏目。全书深入浅出，既讲解了 AutoCAD 的基本操作，又有丰富的案例和习题供学生学习参考。

本书可以作为高等职业院校制造大类（机械设计、数控技术、模具设计、机电一体化等专业）CAD 课程的专业教材，也是一本供自学者学习 CAD 的很好的参考书。

本书配套授课电子教案，并提供了所有项目和习题的 CAD 原文件，需要的教师可登录 www.cmpedu.com 免费注册，审核通过后下载，或联系编辑索取（QQ：1239258369，电话：010-88379739）。

图书在版编目（CIP）数据

AutoCAD 2013 项目式教程/陈在良，余战波主编. —北京：机械工业出版社，2014.5(2022.1 重印)
全国高等职业教育规划教材
ISBN 978-7-111-46256-9

Ⅰ.①A… Ⅱ.①陈…②余… Ⅲ.①AutoCAD 软件 - 高等职业教育 - 教材 Ⅳ.①TP391.72

中国版本图书馆 CIP 数据核字（2014）第 060022 号

机械工业出版社（北京市百万庄大街 22 号 邮政编码 100037）
责任编辑：曹帅鹏 责任校对：张艳霞
责任印制：常天培
北京机工印刷厂印刷
2022 年 1 月第 1 版·第 5 次印刷
184mm×260mm·13 印张·309 千字
标准书号：ISBN 978-7-111-46256-9
定价：28.80 元

全国高等职业教育规划教材机电类专业
委员会成员名单

主　　任　吴家礼

副 主 任　任建伟　张　华　陈剑鹤　韩全立　盛靖琪　谭胜富

委　　员　（按姓氏笔画排序）

王启洋　王国玉　王建明　王晓东　代礼前
史新民　田林红　龙光涛　任艳君　刘靖华
刘　震　吕　汀　纪静波　何　伟　吴元凯
张　伟　李长胜　李　宏　李柏青　李晓宏
李益民　杨士伟　杨华明　杨　欣　杨显宏
陈文杰　陈志刚　陈黎敏　苑喜军　金卫国
奚小网　徐　宁　陶亦亦　曹　凤　盛定高
程时甘　韩满林

秘 书 长　胡毓坚

副秘书长　郝秀凯

出 版 说 明

根据《教育部关于以就业为导向深化高等职业教育改革的若干意见》中提出的高等职业院校必须把培养学生动手能力、实践能力和可持续发展能力放在突出的地位，促进学生技能的培养，以及教材内容要紧密结合生产实际，并注意及时跟踪先进技术的发展等指导精神，机械工业出版社组织全国近 60 所高等职业院校的骨干教师对在 2001 年出版的"面向 21 世纪高职高专系列教材"进行了全面的修订和增补，并更名为"全国高等职业教育规划教材"。

本系列教材是由高职高专计算机专业、电子技术专业和机电专业教材编委会分别会同各高职高专院校的一线骨干教师，针对相关专业的课程设置，融合教学中的实践经验，同时吸收高等职业教育改革的成果而编写完成的，具有"定位准确、注重能力、内容创新、结构合理和叙述通俗"的编写特色。在几年的教学实践中，本系列教材获得了较高的评价，并有多个品种被评为普通高等教育"十一五"国家级规划教材。在修订和增补过程中，除了保持原有特色外，针对课程的不同性质采取了不同的优化措施。其中，核心基础课的教材在保持扎实的理论基础的同时，增加实训和习题；实践性较强的课程强调理论与实训紧密结合；涉及实用技术的课程则在教材中引入了最新的知识、技术、工艺和方法。同时，根据实际教学的需要对部分课程进行了整合。

归纳起来，本系列教材具有以下特点：

1）围绕培养学生的职业技能这条主线来设计教材的结构、内容和形式。

2）合理安排基础知识和实践知识的比例。基础知识以"必需、够用"为度，强调专业技术应用能力的训练，适当增加实训环节。

3）符合高职学生的学习特点和认知规律。对基本理论和方法的论述要容易理解、清晰简洁，多用图表来表达信息；增加相关技术在生产中的应用实例，引导学生主动学习。

4）教材内容紧随技术和经济的发展而更新，及时将新知识、新技术、新工艺和新案例等引入教材。同时注重吸收最新的教学理念，并积极支持新专业的教材建设。

5）注重立体化教材建设。通过主教材、电子教案、配套素材光盘、实训指导和习题及解答等教学资源的有机结合，提高教学服务水平，为高素质技能型人才的培养创造良好的条件。

由于我国高等职业教育改革和发展的速度很快，加之我们的水平和经验有限，因此在教材的编写和出版过程中难免出现问题和错误。我们恳请使用这套教材的师生及时向我们反馈质量信息，以利于我们今后不断提高教材的出版质量，为广大师生提供更多、更适用的教材。

机械工业出版社

前　　言

计算机辅助设计技术发展很快，AutoCAD 在行业内达到了普及和大众化的程度。目前很多讲解 AutoCAD 的书籍只是对软件的功能泛泛而谈，缺少具体的、真实的案例，学生学习起来感觉比较空洞冗长。有感于此，我们针对高等职业教育的特点采用项目式教学法编写此书，将软件基本功能介绍、真实案例以及丰富的习题相结合，让学生在项目中主动学习和快乐学习。

本书的编写分工如下：重庆三峡职业学院陈在良负责全书的统稿、模块 1、项目 5.2、项目 5.3 的编写；重庆三峡职业学院余战波负责模块 2 的编写；温州职业技术学院赵战锋负责项目 3.1、项目 3.2 的编写；重庆三峡职业学院向承翔负责项目 3.3、项目 4.1 的编写；重庆信息技术职业学院郑宏伟负责项目 4.2、项目 4.3 的编写；重庆三峡职业学院徐明灿负责项目 4.4 的编写；重庆三峡职业学院魏向京负责项目 5.1 的编写。

在本书的编写过程中，非常感谢罗玉龙老师为本书绘制了大量的 CAD 图形。

教材中尺寸单位未注明者，默认为 mm。在图形绘制过程中为了叙述简便，有类似"向右 100 个单位，向上 50 个单位"的描述，其单位均为 mm。

本书提供了所有项目和习题的 CAD 原文件，可以联系出版社下载。

由于作者水平有限，教材中难免存在一些问题，欢迎读者批评指正。

编　者

目　　录

模块 1　AutoCAD 概述

1.1　CAD 软件简介

1.1.1　CAD 软件技术的发展与应用

计算机辅助设计（Computer-Aided Design，简称 CAD），是利用计算机强有力的计算功能和高效率的图形处理能力，辅助知识劳动者进行工程和产品的设计与分析的一种技术。它是综合了计算机科学与工程设计方法的最新发展而形成的一门新兴学科。计算机辅助设计技术的发展是与计算机软件、硬件技术的发展和完善，与工程设计方法的革新紧密相关的。

20 世纪 70 年代后期以来，以计算机辅助设计技术为代表的新的技术改革浪潮席卷了全世界，它不仅促进了计算机本身性能的提高和更新换代，而且几乎影响到全部技术领域，冲击着传统的工作模式。以计算机辅助设计这种高技术为代表的先进技术已经并将进一步给人类带来巨大的影响和利益。计算机辅助设计技术的水平成了衡量一个国家工业技术水平的重要标志。

机械行业中的 CAD 技术起步于 20 世纪 50 年代后期，随着计算机软硬件技术的发展，在计算机屏幕上绘图成为可能，CAD 开始迅速发展。人们希望借此项技术来摆脱繁琐、费时、精度低的传统手工绘图。此时 CAD 技术的出发点是采用二维计算绘图技术，用传统的三视图方式来表达零部件，以图纸为媒介进行技术交流。但同时又发现，采用二维计算机绘图方式不可能准确表达所设计的产品，并且不可能将产品信息传达到后续的分析、加工、制造等工序中去，因此，三维 CAD 技术应运而生。

第一次 CAD 技术创新——曲面制造技术。

20 世纪 60 年代出现的三维 CAD 系统只是极为简单的线框系统。这种初期的线框造型系统，不能有效表达几何数据间的拓扑关系。由于缺乏形体的表面信息，CAE（Computer-Aided Engineering）及 CAM（Computer-Aided Manufacturing）均无法实现。进入 20 世纪 70 年代，飞机和汽车工业蓬勃发展，飞机及汽车制造中遇到了大量的自由曲面问题，当时只能采取多截面视图、特征纬线的方式来近似表达自由曲面。法国数学家贝塞尔的出现，使人们用计算机处理曲线问题变得可行，同时也使得法国达索飞机制造公司的开发者，在二维绘图系统 CAD/CAM 的基础上，开发了以表面模型为特点的自由曲面建模方法，推出了三维曲面造型系统 CATIA。它的出现，标志着计算机辅助设计技术从单纯模仿工程图纸的三视图模式中解放出来，首次实现以计算机完整描述产品零件的主要信息，同时也使得 CAM 技术的开发有了实现的基础。

第二次 CAD 技术创新——实体造型技术。

有了表面模型，CAM 的问题可以基本解决。但由于表面模型技术只能表达形体的表面信息，难以准确表达零件的其他特性，如质量、重心、惯性矩等，对 CAE 十分不利，最大的问题在于分析的前处理特别困难。基于对 CAD/CAE 一体化技术发展的探索，SDRC 公司于 1979 年发布了世界上第一个完全基于实体造型技术的大型 CAD/CAE 软件——I-DEAS。由于实体造型技术能够精确表达零部件的全部属性，在理论上有助于统一 CAD、CAE、CAM 的模型表达，给设计带来了很大的方便性。实体造型技术的普及应用标志着 CAD 发展史上的第二次技术创新。

第三次 CAD 技术创新——参数化技术。

进入 20 世纪 80 年代中期，CV 公司提出了一种比无约束造型更新颖、更好的算法——参数化实体造型方法。从算法来说，这是一种很好的设想。它主要有以下特点：基于特征的设计、全尺寸约束、全数据相关、尺寸驱动设计修改。

第四次 CAD 技术创新——变量化技术。

参数化技术的成功应用，使它在 20 世纪 90 年代前后几乎成为 CAD 工业界的标准，许多软件厂商纷纷起步追赶。同时开发人员也发现了参数化技术尚有许多不足之处。首先，全尺寸约束这一硬性规定就干扰和制约着设计创造力及想象力的发挥。设计者在设计全过程中，必须将形状和尺寸联合起来考虑，并且通过尺寸的改变来驱动形状的改变，一切以尺寸为出发点。再者，如在设计中关键形体的拓扑关系发生改变，失去了某些约束特征也会造成系统数据混乱。设计时是否需要全约束，是否需要以尺寸为设计的先决条件？沿着这个思路，开发人员提出了一种比参数化技术更先进的实体造型技术——变量化技术。变量化技术既保持了参数化技术的优点，同时又克服了它的许多不足之处，变量化技术的成功应用，为 CAD 技术的发展提供了更大的空间和机遇。

CAD 技术目前已广泛应用于国民经济的各个方面，其主要的应用领域有以下几个方面。

（1）制造业中的应用

CAD 技术已在制造业中广泛应用，其中以机床、汽车、飞机、船舶、航天器等制造业应用最为广泛和深入。众所周知，一个产品的设计过程要经过概念设计、详细设计、结构分析和优化、仿真模拟等几个主要阶段。概念设计主要解决产品的造型外观，在满足功能的前提条件下，使产品外观与外界环境协调，在现代设计中还应考虑对环境的影响，当然也要考虑产品的整体结构、材料及实现主要功能的机构。详细设计是要确定产品的详细结构，各零部件的设计，所以又称为部件设计，包括各零部件的形状、结构、尺寸。结构分析主要包括有限元分析，将对各部件及产品整体的结构进行力学性能、热学性能的分析。仿真模拟则主要是对产品进行装配模拟、运动仿真、干涉以及碰撞分析。

现代设计技术将并行工程的概念引入到整个设计过程中，在设计阶段就对产品整个生命周期进行综合考虑，对产品的功能、外观、可装配性、可生产性、可维持性、可循环利用性和环境的融合性等进行全面设计。

（2）工程设计中的应用

工程设计领域中 CAD 技术的应用也是比较早的。实际上，用计算机进行结构分析计算早在 20 世纪五六十年代就已开始，但真正在建筑、结构等领域应用 CAD 技术取得显著成效的，则是在 20 世纪 70 年代。当时由小型计算机组成的图形系统已经推出，并广泛应用于 CAD 工程设计领域。较早应用并得到工程界认可的是 Intergraph 公司推出的 CAD 系统。

我国工程界在 20 世纪 70 年代也已经开始应用 CAD 系统，并着手研制、开发适合中国国情的工程 CAD 系统，至 20 世纪 90 年代已形成了建筑、结构、水、电、暖设备等一系列工程设计软件。

（3）电气和电子电路方面的应用

CAD 技术最早曾用于电路原理图和布线图的设计工作。目前，CAD 技术已扩展到印制电路板的设计（布线及元器件布局），并在集成电路、大规模集成电路和超大规模集成电路的设计制造中大显身手，由此大大推动了微电子技术和计算机技术的发展。这方面 CAD 技术的主要应用是原理图输入、逻辑性能和电路性能的模拟、掩膜和门阵列设计，以及故障模拟等。CAD 技术的应用与发展推动了规模更大、集成化程度更高、体积更小的集成电路的设计和制造。

（4）仿真模拟和动画制作

应用 CAD 技术可以真实地模拟机械零件的加工处理过程、飞机起降、船舶进出港口、物体受力破坏分析、飞行训练环境、作战仿真系统、事故现场重现等。

在文化娱乐界已大量利用计算机造型，仿真出逼真的现实世界中没有的原始动物、外星人以及各种场景等，并将动画和实际背景以及演员的表演天衣无缝地合成在一起，在电影制作技术上大放异彩，产生了一部部激动人心的巨片。

（5）其他应用

除了上述领域，在轻工、纺织、家电、服装、制鞋、医疗和医药及至体育方面都会用到 CAD 技术，如轻工业生产中，轻工机械的设计；化妆、洗涤用品、盛器、三维造型、模具设计及包装平面设计；各种小商品的造型设计；纺织行业中印花提花设计，服装 CAD 及排料、裁剪设计；制鞋业中造型以及配合人体足部骨骼肌腱的人体工学设计；医药中的分子键结构分析、医疗器械以及辅助医疗手术；家电产品的造型和模具技术等。

1.1.2　AutoCAD 简介

AutoCAD（Auto Computer Aided Design）是美国 Autodesk（欧特克）公司于 1982 年开发的自动计算机辅助设计软件，具有绘制二维图形与三维图形、标注尺寸、渲染图形以及打印输出图纸等功能。AutoCAD 具有易于掌握、使用方便、体系结构开放等优点，广泛应用于机械、建筑、电子、航天、造船、石油化工、土木工程、冶金、地质、气象、纺织、轻工、商业等领域。在不同的行业中 Autodesk 开发了行业专用的版本和插件。经过 30 多年的发展，该软件不断改进和升级，已成为市面上最流行的工程设计和绘图软件之一。今后的 AutoCAD 软件将向智能化，多元化方向发展。

1.2　AutoCAD 2013 界面

1.2.1　窗口界面

AutoCAD 2013 提供了"草图与注释"、"三维基础"、"三维建模"、"AutoCAD 经典" 4 种工作空间。打开默认状态下的"草图与注释"工作空间，如图 1-1 所示。

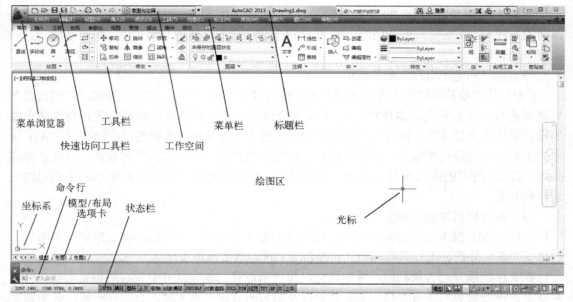

图 1-1　AutoCAD 2013 界面

AutoCAD 2013 中文版的"草图与注释"工作空间的工作界面由菜单浏览器、快速访问工具栏、工具栏、工作空间、菜单栏、标题栏、绘图区、坐标系、模型／布局选项卡、状态栏、命令窗口和滚动条等组成。

菜单浏览器提供新建文件、打开文件、保存文件、另存文件、输出、发布、打印、图形使用工具、关闭等功能。

快速访问工具栏提供了新建文件、打开文件、保存文件、打印文件、放弃、重做等功能。

工具栏提供了各种工具图标按钮。单击某一按钮，可以启动 AutoCAD 2013 的对应命令。

菜单栏提供了各种操作菜单。单击菜单栏中的某一项，会弹出相应的下拉菜单。

标题栏用于显示程序名称版本及当前操作图形文件的名称。

绘图区是用户绘图并显示所绘图形的区域。

坐标系图标通常位于绘图窗口的左下角，表示当前绘图所使用的坐标系形式以及坐标方向等。AutoCAD 2013 中文版具有世界坐标系（World Coordinate System，WCS）和用户坐标系（User Coordinate System，UCS）两种坐标系。世界坐标系为默认坐标系，而在实体建模时要用到用户坐标系。

模型／布局选项卡用于实现模型空间与图纸空间的切换。

状态栏用于显示或设置当前的绘图状态。状态栏上位于左侧的一组数字反映当前光标的坐标，其余按钮从左到右分别表示当前是否启用了捕捉模式、栅格显示、正交模式、极轴追踪、对象捕捉、对象捕捉追踪、动态 UCS（用鼠标左键双击，可打开或关闭）、动态输入等功能以及是否显示线宽和当前的绘图空间等信息。

命令窗口是显示用户输入的命令的地方。用户可以拖动命令窗口的大小和位置。

1.2.2　调用绘图命令的几种方法

在 AutoCAD 中调用绘图或者编辑命令常用以下 3 种方法。

1）选择相应的菜单。

2）选择相应的工具栏图标。

3）在命令行中输入相应的命令。

1.2.3 文件的新建、打开、保存、加密

单击快速访问工具栏中的"新建"按钮，调出如图 1-2 所示的对话框，可以在该对话框中输入新建文件的名称、选择新建文件的路径及新建文件的类型（图形样板文件扩展名为".dwt"，图形文件扩展名为".dwg"，标准图形文件扩展名为".dws"）。

图 1-2 新建文件

单击快速访问工具栏中的"打开"按钮，调出如图 1-3 所示的对话框，可以在该对话框中选择要打开的图形文件。

图 1-3 打开文件

单击快速访问工具栏中的"保存"按钮，调出如图 1-4 所示的对话框，该对话框中提示要保存文件的类型及路径。

图 1-4　保存文件

在 AutoCAD 2013 中保存文件时可以使用密码保护功能对文件进行加密保存。在图 1-4 中选择"工具"→"安全"选项，此时打开如图 1-5 所示的"安全选项"对话框，在对话框中可以设置打开文件的密码和数字签名。

图 1-5　安全选项

1.2.4　绘图、修改工具

"常用"面板下的"绘图"工具栏和"修改"工具栏提供了常用的绘图图标及常用的修改图标，如图 1-6、图 1-7 所示。常用的绘图图标有"直线"、"多段线"、"圆"、"圆弧"、"矩形"、"椭圆"、"图案填充"等。常用的修改图标有"移动"、"旋转"、"修剪"、"复制"、"镜像"、"圆角"、"拉伸"、"缩放"、"阵列"等。绘图工具栏和修改工具栏是 CAD 中最常用的工具，其功能和用法将在后面的项目中具体讲述。

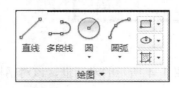

图 1-6　绘图工具栏

图 1-7　修改工具栏

1.2.5 视图工具

在 AutoCAD 2013 中，可以选择"视图"面板下的视图选项"俯视、仰视、左视、右视、前视、后视、西南等轴测、东南等轴测、东北等轴测、西北等轴测"图标，从而选择不同的视图方向，如图 1-8 所示。进入"视图"面板，"视觉样式"工具栏，"二维线框"下拉菜单，选择"二维线框、概念、隐藏、真实、着色"等视觉样式，可以显示实体模型的不同样式，如图 1-9 所示。在"视图"面板下"二维导航"工具栏里面的"观察工具"图标，可以实现图形的平移、旋转及缩放等观察效果，如图 1-10 所示。

图 1-8　视图工具图标　　　　图 1-9　视觉样式工具图标　　　　图 1-10　观察工具图标

1.2.6 图层工具

在一个复杂图形中有许多不同类型的图形对象，为了方便区分、管理和编辑，可以通过创建图层，将特性相同的对象放在同一个图层上。

AutoCAD 可以创建多个图层，但是只能在当前图层中绘制图形。每个图层有一个名称，同一图层上的对象有相同的颜色和线型。可以对各个图层进行打开与关闭、冻结与解冻、锁定与解锁等操作。

单击"常用"面板下"图层"工具栏里面的"图层特性"图标，打开图 1-11 所示的"图层特性管理器"对话框。

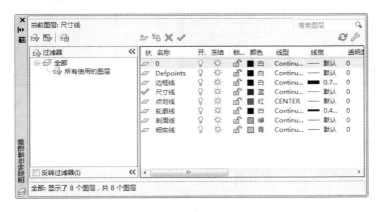

图 1-11　图层特性管理器

四个图标的功能分别是新建图层、创建在所有视口中都被冻结的新图层、删除图层、当前图层。

选择图层中相应的"颜色"图标将调出图 1-12 所示的"选择颜色"对话框为图层选择颜色。

选择图层中相应的"线型"图标将调出图 1-13 所示的"选择线型"对话框，如果当前对话框中没有需要的线型，则单击"加载"按钮 [加载(L)...]，调出图 1-14 所示的"加载或重载线型"对话框，为图层加载新的线型。

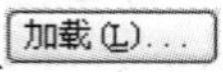

图 1-12 选择颜色

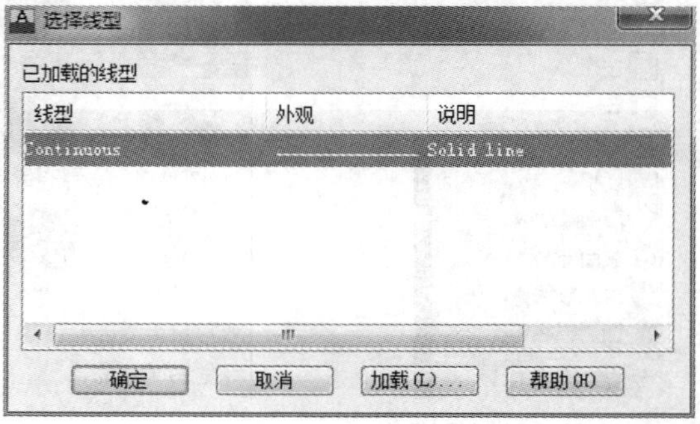

图 1-13 选择线型

选择图层中相应的"线宽"图标将调出图 1-15 所示的"线宽"对话框为图层选择新的线宽。

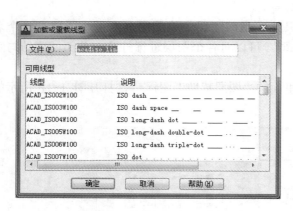

图 1-14 加载线型

图 1-15 选择线宽

1.2.7 草图设置

在 AutoCAD 2013 中，可以设置背景栅格显示间距、极轴追踪、对象捕捉等方式。在状态栏中右键单击"对象捕捉"按钮，选择"设置"选项，调出"草图设置"对话框。在"捕捉和栅格"选项中可以设置是否启用栅格、栅格间距、是否启用栅格捕捉、捕捉栅格间距等选项，如图 1-16 所示。在"极轴追踪"选项中，启用极轴追踪后可以选择或者输入自动追踪到的极坐标角度，如图 1-17 所示。在"对象捕捉"选项中，可以勾选端点、中点、圆心、节点、象限点、交点、延长线、插入点、垂足、切点、最近点、外观交点、平行线等多种对象捕捉方式，如图 1-18 所示。

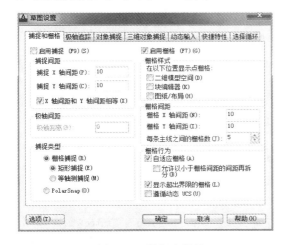

图 1-16　捕捉和栅格

图 1-17　极轴追踪

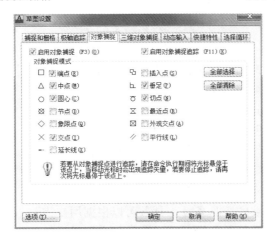

图 1-18　对象捕捉

1.2.8　系统选项设置

输入"options"命令或者选择菜单"工具"→"选项"将调出图 1-19 所示的系统"选项"对话框。

在"选项"对话框中可以对文件、显示、打开保存、打印和发布、系统、用户系统配置、绘图、三维建模、选择集、配置等选项进行设置。

在显示标签中有"窗口元素"、"布局元素"、"显示精度"、"显示性能"、"十字光标大小"、"淡入度控制"等选项组可供选择和调节。

绘图区在默认方式下背景为黑色，若要调整绘图区背景为白色，单击图 1-19 窗口元素选项组中的"颜色"按钮，选择白色即可。

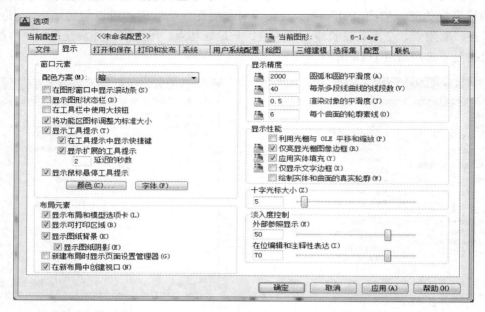

图 1-19　系统"选项"对话框

1.2.9　工作空间

用户可以根据需要和习惯设置工作空间。在 AutoCAD 2013 中，有"草图与注释"、"三维基础"、"三维建模"、"AutoCAD 经典"4 种工作空间，如图1-20 所示。其中"草图与注释"用来绘制平面图形，"三维基础"与"三维建模"用来创建三维模型，"AutoCAD 经典"沿袭了以前的版本界面，对习惯于以前版本的老用户比较适用。选择"AutoCAD 经典"工作空间后，绘图、编辑以及三维建模主要通过工具栏的图标实现。在任意图标上用鼠标右击，在弹出的菜单中可以选择需要的工具条，工具条可以根据用户需要拖动到不同的位置。下面简单介绍一下经典工作空间里面的常用工具条。

图 1-20　工作空间

绘图工具条如图 1-21 所示，可以进行直线、圆弧、图块、填充、文字的绘制和创建。

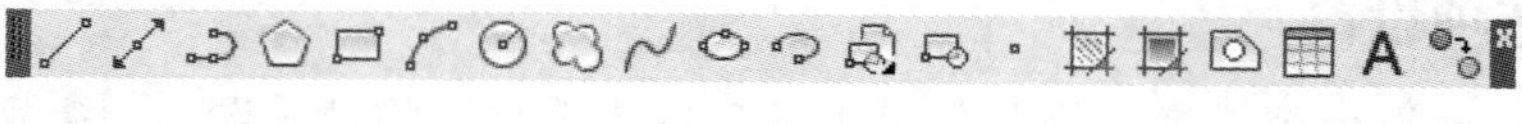

图 1-21　绘图工具条

修改（编辑）工具条如图 1-22 所示，可以进行删除、复制、移动、修剪等编辑工作。

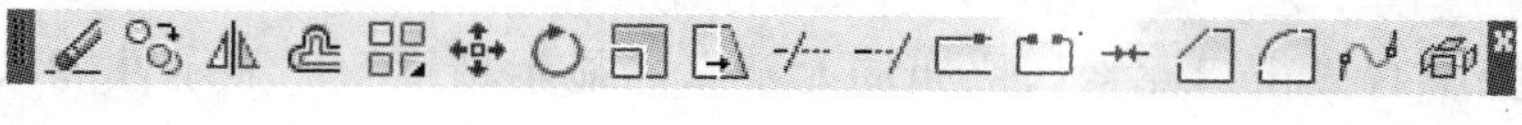

图 1-22　修改（编辑）工具条

对象捕捉工具条如图 1-23 所示，可以进行端点、中点、交点、圆心点、垂足点等的捕捉。

图 1-23　对象捕捉工具条

几何约束工具条如图 1-24 所示，可以进行重合、垂直、平行、相切、同心等约束。

图 1-24　几何约束工具条

尺寸标注工具条如图 1-25 所示，可以进行长度标注、角度标注、直径标注等标注及标注编辑。

图 1-25　尺寸标注工具条

实体建模工具条如图 1-26 所示，可以进行多段体建模、长方体建模、球体建模、圆柱体建模、拉伸建模、旋转建模等建模方式。

图 1-26　实体建模工具条

1.2.10　页面设置与打印

在 AutoCAD 2013"菜单浏览器"下的"打印"菜单中可以对打印方式和打印页面进行设置。图 1-27 的"页面设置"对话框中主要有如下选项。

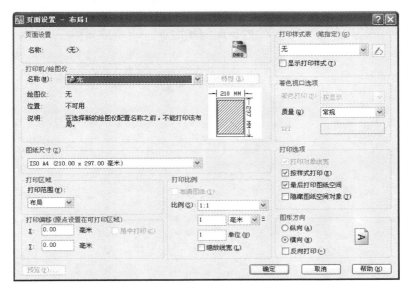

图 1-27　页面设置

- 打印机／绘图仪　指定打印机的名称、位置和说明。
- 打印样式表　为当前布局指定打印样式。
- 图纸尺寸　指定图纸的型号及大小。
- 打印区域　打印区域中有布局、窗口、范围、显示选项。
- 图形方向　打印有纵向、横向、反向等方向。

图 1-28 的"打印"对话框中可以添加页面设置，选择打印机/绘图仪，设置图纸尺寸、打印区域、打印比例等。设置完打印选项后可以通过左下角的预览按钮查看预览效果，确认后即可打印。

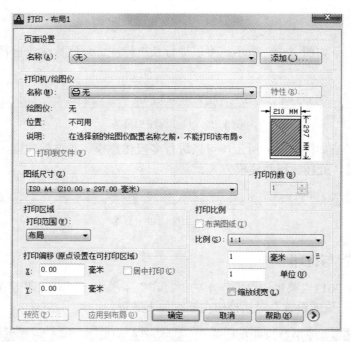

图 1-28　打印设置

模块 2　平面图形绘制

本模块通过对标题栏、冲压件、吊钩这 3 个平面图形绘制过程的讲解，让学生掌握基本平面图形的绘制方法，为后面的典型零件绘制打下基础。

本模块中的平面图形绘制是在"草图与注释"工作空间中进行的，学生要掌握绘图工具、修改工具及图层工具的运用，并能用这些工具熟练地绘制比较简单的平面图形。

项目 2.1　标题栏的绘制

2.1.1　项目描述

图纸标题栏用来填写工程名称、图名、图号以及设计人、制图人、审批人的签名及日期，学生制图作业可以采用如图 2-1 所示的简易标题栏。

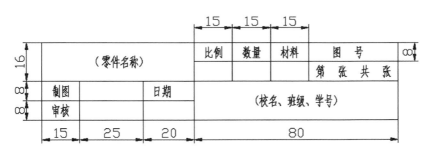

图 2-1　标题栏

标题栏的绘制将用到直线绘制、偏移、对象捕捉、修剪和文本输入等多方面的知识点。本项目的重点是直线绘制。通过本项目的学习及例题、习题的训练，应该熟练掌握直线的绘制，相对坐标、绝对坐标、直角坐标、极坐标的输入方法，文字输入及简单的图形编辑能力。

2.1.2　知识准备——直线、偏移、对象捕捉、修剪、文本

1. 直线绘制

直线是各种图形中最常见、最简单的一类图形对象。直线的绘制要确定直线的起点和终点，直线的长度和方向一般用坐标的方法来控制（坐标方法绘制直线见本项目知识拓展）。

启动"直线"命令的方法如下：

● 选择"绘图"菜单下的"直线"菜单。

● 选择"绘图"工具栏中的"直线"图标。

● 在命令行中输入"line"命令。

启动"直线"命令后，命令行显示如下信息：

命令: _line 指定第一点:
指定下一点或[放弃(U)]:
指定下一点或[放弃(U)]:
指定下一点或[闭合(C)/放弃(U)]:

绘制直线时一般要把状态栏中的 极轴 对象捕捉 3DOSNAP 对象追踪 按钮选中，可以分别捕捉对象的特征点、极轴的特定角度和自动追踪目标。

本项目中绘制长度为 140 的直线，首先选择"直线"绘制图标，在屏幕绘图区单击一点作为起点，然后单击状态栏的"正交"按钮，鼠标向右水平拖移，键盘输入 140，回车。这样就绘制了一条长度为 140 的水平直线。

正交按钮打开后绘图的方向将锁定在水平方向和垂直方向上。

如果绘制的长度为 140 的水平线在屏幕上显示比例太小或者太大，可以用鼠标滚轮上下滚动来调节显示比例的大小。这样只是调节显示比例，线条实际尺寸并未改变。

2．偏移

偏移对象是创建与原始对象造型形状平行的新对象。偏移对象时要输入偏移距离，选择偏移方向。

启动"偏移"命令的方法如下：

● 选择"修改"菜单下的"偏移"菜单。
● 选择"修改"工具栏中的"偏移"图标。
● 在命令行中输入"offset"命令。

启动"偏移"命令后，命令行显示如下信息：

命令: _offset
当前设置: 删除源=否　图层=源　OFFSETGAPTYPE=0
指定偏移距离或[通过(T)/删除(E)/图层(L)] <通过>:　10
选择要偏移的对象，或[退出(E)/放弃(U)] <退出>:
指定要偏移的那一侧上的点，或[退出(E)/多个(M)/放弃(U)] <退出>:
选择要偏移的对象，或[退出(E)/放弃(U)] <退出>:

【例2-1】 将图 2-2 中 400m 标准跑道内圈向外偏移 8 份。

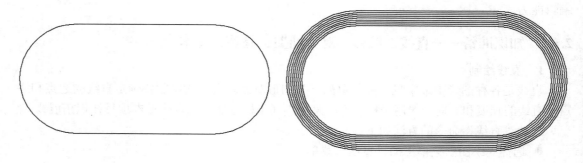

图 2-2　跑道

1）启动"偏移"命令。

2）输入偏移距离 1220。

3）选择要偏移的对象为跑道内圈。

4）指定跑道外侧，向外偏移第二个跑道。

5）用同样的方法向外偏移其余的跑道。

3. 对象捕捉

在绘图或者尺寸标注时，经常会用到精确捕捉某点（端点、中点、圆心、节点、象限点、交点、延长线、插入点、垂足、切点、最近点、外观交点、平行线）的时候，可以在状态栏中右键单击"对象捕捉"按钮，选择"设置"选项，调出图 1-18 的"草图设置"对话框，对捕捉对象进行设置。也可以在工作空间中选择"AutoCAD 经典"模式，然后在屏幕上右键单击任意图标，选择"对象捕捉"按钮，调出"对象捕捉"工具条。这时可以根据需要单击选择捕捉方式。

4. 修剪

在绘图中常有多余的线条，可以利用"修剪"工具将多余的线条修剪掉。

启动"修剪"命令的方法如下：

● 选择"修改"菜单下的"修剪"菜单。

● 选择"修改"工具栏中的"修剪"图标。

● 在命令行中输入"trim"命令。

修剪工具的操作过程如下：

● 启动"修剪"命令；

● 选择需要修剪的边界线（选择完对象后单击鼠标右键或按"回车键"表示结束选择）；

● 选择需要修剪的线条部分（选择完对象后单击鼠标右键或按"回车键"表示结束选择）。

修剪的过程如图 2-3 所示，需要修剪的边界线为 1、2 两条线，需要修剪的部分为 A、B 两处。

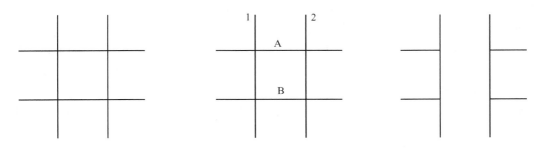

图 2-3　修剪

如果要修剪的对象比较复杂，需要选择的边界线条比较多，可以在提示选择边界线时按"回车键"、"空格键"或者单击鼠标右键，表示选择所有线条为修剪边界线。

5. 文本输入

添加到图形中的文字可以表达各种信息，可以是复杂的技术要求、标题栏信息、标签，甚至是图形的一部分。

对于简短的输入项，例如标签，可使用单行文字。对于具有内部格式的较长条目，可使用多行文字，其中可以对段落中的字符、单词或短语应用下画线、字体、颜色和文字高度更改。

（1）文字样式

选择"常用"面板下"注释"工具栏中的"文字"图标后，可以选择"多行文字"或者"单行文字"两种方式输入文本，如图 2-4 所示。

选择"格式"菜单，"文字样式"子菜单，打开"文字样式"对话框，如图 2-5 所示。

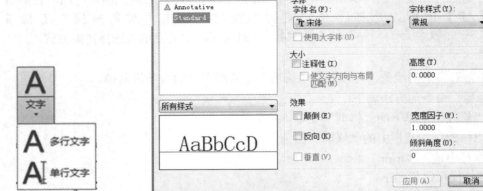

图 2-4　文字图标　　　　　　　　　　　　　　　图 2-5　文字样式

在"文字样式"对话框中显示了可以选择的文字样式，通过该对话框也可以创建新的文字样式，重命名、删除和修改已有的文字样式。

- 样式：样式列表框中显示了当前可以选用的文字样式。
- 字体：在下拉列表框中可以根据需要选择不同的字体。
- 大小：在高度文本框中可以输入文字的高度。国家标准对《机械制图》的文字高度规定为 3.5、5、7、10、14、20 等。如果将文字的高度设置为 0，在使用 text 标注文字时，命令行将显示"指定高度："的提示。当选中"注释性"复选框时，文字被定义为可注释性对象。
- 效果：效果选项组里面有颠倒、反向、角度、宽度因子、垂直 5 个选项。其效果如图 2-6 所示。
- 置为当前：如果左边样式列表框里有多个样式，可以选择一个并置为当前样式。
- 新建：单击该按钮，可以新建一个文字样式。
- 删除：选择左边样式列表框里的一个样式并删除。

（2）单行文字

用单行文字可以创建一行或多行文字，每行文字都是独立的对象，可对其进行重定位、调整格式或其他修改。

图 2-6　文字效果

a) 正常　b) 颠倒　c) 反向　d) 角度　e) 宽度　f) 垂直

启动"单行文字"命令的方法如下：

● 选择菜单"绘图"→"文字"→"单行文字"。

● 选择"常用"面板，"注释"工具栏，"单行文字"图标。

● 在命令行中输入"text"命令。

启动"单行文字"命令后，命令行显示如下信息：

命令: text
当前文字样式："Standard"　文字高度: 2.5000　注释性: 否
指定文字的起点或[对正(J)/样式(S)]:
指定高度 <2.5000>:
指定文字的旋转角度 <0>:

创建单行文字时，要指定对正方式并设置文字样式。对正决定字符的哪一部分与插入点对齐，对正方式如图 2-7 所示。选择样式（S）可以输入已有样式名来指定当前需要的样式。

指定文字的旋转角度是指输入的文字与水平线成一定的角度。图 2-8 是文字输入的角度分别为 45°、90°、180° 时的效果。

创建文字时，如果需要将格式应用到独立的词语和字符，则使用多行文字而不是单行文字。

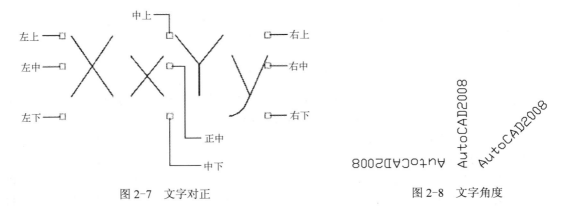

图 2-7　文字对正　　　　　　　　　　　　　　　图 2-8　文字角度

在计算机辅助设计过程中，有时候需要输入一些特殊的字符，比如，在文字上加上画线或者下画线，以及标注时的°、±、ϕ等符号。这些符号不能直接从键盘上输入，因此 AutoCAD 提供了相应的控制符号，它们由两个百分号（%%）以及加在后面的一个字符构成，常用的控制符号如表 2-1 所示。

表 2-1　AutoCAD 常用标注控制符号

序　号	控 制 符 号	功　能
1	%%O	打开或关闭文字上画线
2	%%U	打开或关闭文字下画线
3	%%D	标注度符号（°）
4	%%P	标注正负公差符号（±）
5	%%C	标注直径符号（ϕ）

（3）多行文字

多行文字又称段落文字，是一种易于管理的文字对象，可以由两行以上的文字组成，而且各行文字都是作为一个整体处理。在工程制图中，常使用多行文字功能创建较为复杂的文字说明，如图样的技术要求等。

启动"多行文字"命令的方法如下：

● 选择菜单"绘图"→"文字"→"多行文字"。

● 选择"常用"面板，"注释"工具栏，"多行文字"图标。

● 在命令行中输入"mtext"命令。

启动"多行文字"命令后，命令行显示如下信息：

命令: _mtext
当前文字样式:　"Standard"　文字高度:　2.5　注释性:　否
指定第一角点:
指定对角点或[高度(H)/对正(J)/行距(L)/旋转(R)/样式(S)/宽度(W)/栏(C)]:

当在绘图区指定文字对角点（即输入文字区域）后，显示如图 2-9 所示的"文字编辑器"工具面板。

图 2-9　文字编辑器

在图 2-9 中，有很多工具和 WORD 等文字处理软件的工具类似，在此只对 AutoCAD 中相对于其他文字处理软件比较特殊的部分作简单介绍。

文字样式栏里面可以选择设置好的文字样式，及设置文字注释性和文字的大小。

文字格式栏里面可以设置文字的字体、颜色、加粗、斜体和下画线等方式。

段落栏可以设置文字对正方式、项目编号、行距及对齐方式。单击"对正"图标，可以选择对正方式如图 2-10 所示，单击"行距"图标，可以选择行距的间隔距离倍数如图 2-11

所示。

插入栏可以插入列、符号及字段。

图 2-10　对正方式

图 2-11　行距

2.1.3　项目实施

绘制图 2-1 标题栏的步骤如下：

1）选择绘制"直线"图标![icon]，在屏幕绘图区单击一点作为起点，然后单击绘图区域下方状态栏的"正交"按钮![正交]，鼠标向右水平拖移，键盘输入 140，回车。这样就绘制了一条长度为 140 的水平线 AB。

2）右键单击绘图区域下方状态栏的"对象捕捉"按钮![对象捕捉]，设置"端点"捕捉方式![端点(E)]，选择绘制"直线"图标![icon]，单击（捕捉）水平线左端 A 点，鼠标垂直向上拖移，键盘输入 32，回车，绘制如图 2-12 所示图形。

图 2-12　绘制直线 AB

3）选择"修改"工具栏中的"偏移"图标![icon]，输入偏移距离 15，选择直线 AC 为偏移对象，在竖直线右侧单击，这样就偏移出距离为 15 的线条。再用同样的方法偏移出其他几条竖直线，结果如图 2-13 所示。

图 2-13　偏移 AC

4）选择绘制"直线"图标 ，单击端点 C，再单击端点 D，绘制直线 CD，如图 2-14 所示。

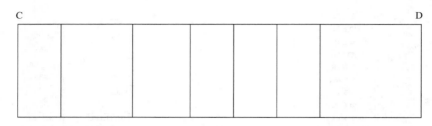

图 2-14 绘制直线 CD

5）选择"偏移"图标 ，将 CD 直线向下连续偏移 8 个单位，偏移 3 份，结果如图 2-15 所示。

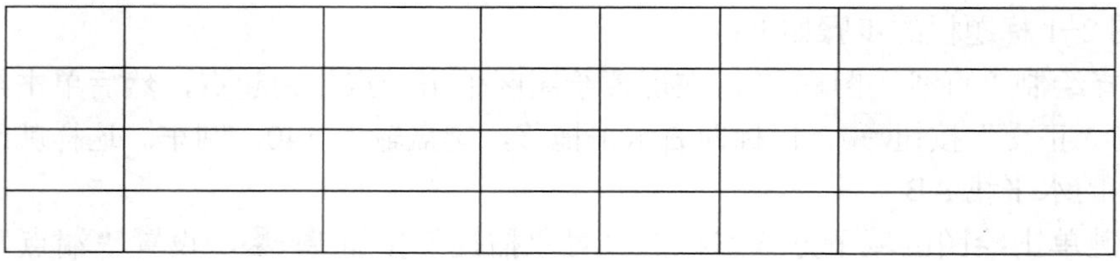

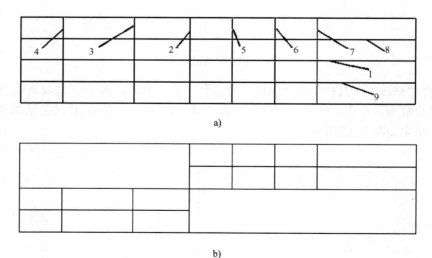

图 2-15 偏移 CD

6）单击"修改"工具栏中的"修剪"图标 ，选择图 2-16a 中的线条 1、2 为修剪边界对象，回车。选择线条 3、4 在线条 1 的上面部分和线条 8 在线条 2 的左边部分，再选择线条 5、6、7 在线条 1 的下面部分和线条 9 在线条 2 的右边部分，回车，结果如图 2-16b 所示。

a)

b)

图 2-16 修剪

7）右键单击绘图区域下方状态栏的"对象捕捉"按钮 ，设置"交点"捕捉方式 ，选择"文字"图标下的"多行文字"图标 ，选择相应的文字输入区域，文字大小输入 2.5，"对正"方式 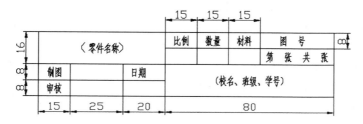 选择正中，在相应区域输入相应的文字，结果如图 2-17 所示。

图 2-17　文本

2.1.4　项目拓展——坐标系、点、表格

1. 坐标系

绘图过程中经常需要使用坐标系来准确定位图形，在 AutoCAD 中提供了世界坐标系（WCS）和用户坐标系（UCS）两种坐标系统。

世界坐标系是 AutoCAD 系统的默认坐标系统。打开 AutoCAD 系统后世界坐标系在绘图区窗口的左下角，如图 2-18 所示。在绘制较复杂图形，特别是三维建模时，经常会根据用户需要由用户自己设置用户坐标系（UCS）。用户坐标系在后面模块 5 三维实体建模时再详细讲解。

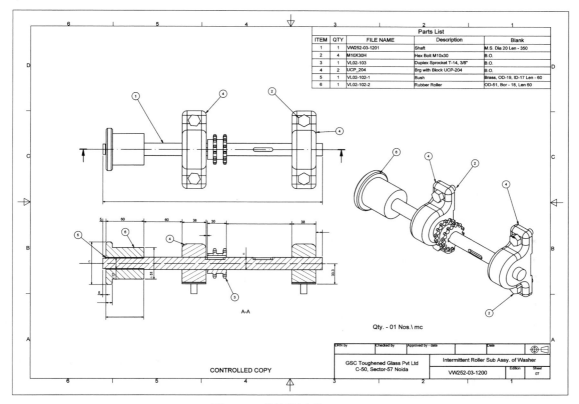

图 2-18　世界坐标系（WCS）

在 AutoCAD 中，点的坐标可以使用绝对直角坐标、绝对极坐标、相对直角坐标、相对极坐标 4 种方法表示。图 2-19 是点的坐标表示方法。

- 绝对直角坐标：坐标点在直角坐标系中 x、y 坐标的值，用"x，y"表示。图 2-19 中 A、B 两点的直角坐标分别为 A（78，45）、B（40，69）。
- 绝对极坐标：坐标点在坐标系中极径和极角坐标的值，用"r<a"表示。图 2-19 中 A、B 两点的极坐标分别为 A（90<30）、B（80<60）。
- 相对直角坐标：一个坐标点相对于另一个坐标点在直角坐标系中 x、y 坐标的值，用"@x，y"表示。图 2-19 中 B 点相对于 A 点的直角坐标为 B 点的坐标值减去 A 点的坐标值，即（@-38，24），A 点相对于 B 点的直角坐标为 A 点的坐标值减去 B 点的坐标值，即（@38，-24）。
- 相对极坐标：一个坐标点相对于另一个坐标点在极坐标系中极径和极角坐标的值，用"@r<a"表示。图 2-19 中 B 点相对于 A 点的极坐标为"@45<147"，A 点相对于 B 点的极坐标为"@45<327"。

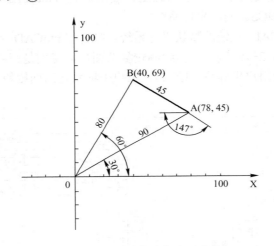

图 2-19　点的坐标表示方法

2．绘制点

启动"点"命令的方法如下：

- 选择"绘图"菜单下的"点"子菜单。
- 选择"绘图"工具栏中的"多点"图标。
- 在命令行中输入"point"命令。

【例 2-2】　绘制如图 2-20 中 A(100,100)、B(200,100)、C(150,180)三个点。

1）选择菜单"绘图"→"点"→"多点"命令。

2）在命令行中分别输入"100，100"、"200，100"、"150，180"三点的坐标值。

3）按 Esc 键结束点的绘制。

点的样式设置：要设置点的显示样式，可选择菜单"格式"→"点样式"命令，打开"点样式"对话框，如图 2-21 所示。

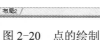
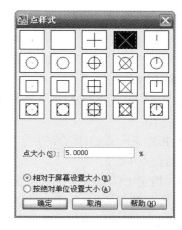

图 2-20 点的绘制   图 2-21 点的样式

点的等分：点的等分有定数等分和定距等分两种形式，如图 2-22 所示。

将图 2-23 中的 AB 线段定数等分为 5 份的方法为：

1）选择菜单"绘图"→"点"→"定数等分"（divide）命令。

2）选择要等分的对象 AB。

3）输入线段数目或 [块(B)]为 5。

将图 2-23 中的 CD 线段按 EF 的长度定距等分的方法为：

1）选择菜单"绘图"→"点"→"定距等分"（measure）命令。

2）选择要定距等分的对象 CD。

3）指定线段长度或[块(B)]（捕捉 EF 线段两端点）。

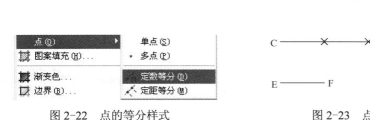

图 2-22 点的等分样式   图 2-23 点的等分实例

【例 2-3】 绘制如图 2-24 所示图形。

1）命令: _line 指定第一点:（光标在屏幕上取一点为 A 点）。

2）指定下一点或[放弃(U)]: 100（利用极轴捕捉到水平向右的方向，输入 100 确定距离，到达 B 点）。

3）指定下一点或[放弃(U)]: @100<30（输入相对极坐标，极径 100、极角 30，到达 C 点）。

4）指定下一点或[闭合(C)/放弃(U)]: 50（利用极轴捕捉到竖直向上的方向，输入 50 确定距离，到达 D 点）。

5）指定下一点或[闭合(C)/放弃(U)]: 50（利用极轴捕捉到水平向左的方向，输入 50 确定距离，到达 E 点）。

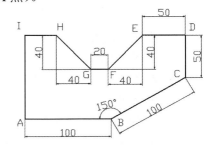

图 2-24 直线的绘制

6）指定下一点或[闭合(C)/放弃(U)]: @-40,-40（输入相对直角坐标，X 轴-40、Y 轴-40，到达 F 点）。

7）指定下一点或[闭合(C)/放弃(U)]: 20（利用极轴捕捉到水平向左的方向，输入 20 确定距离，到达 G 点）。

8）指定下一点或[闭合(C)/放弃(U)]: @-40,40（输入相对直角坐标，X 轴-40、Y 轴 40，到达 H 点）。

9）指定下一点或[闭合(C)/放弃(U)]:（利用对象追踪，追踪到 H 点水平向左以及 A 点竖直向上的交点 I 点）。

10）指定下一点或[闭合(C)/放弃(U)]: c（输入选项 c，闭合图形，回到 A 点）。

3．绘制表格

表格是在行和列中包含数据的对象，它以一种简洁清晰的格式提供信息。表格常用于标题栏、装配图的明细栏、管道组件、进出口一览表、预制混凝土配料表和原料清单等地方。

在 AutoCAD 2013 中，可以使用表格命令创建表格，也可以从 Microsoft Excel 中复制表格，还可以从外部直接导入表格对象。

（1）表格样式

表格样式控制一个表格的外观形式。

选择"格式"菜单下的"表格样式"子菜单，打开"表格样式"对话框，如图 2-25 所示。在"表格样式"对话框中的样式栏下列出了可用样式，如果有多个样式，可以选择其中一个"置为当前"。如果新建一个样式，则弹出图 2-26 所示的"创建新的表格样式"对话框，需要输入新的表格样式名称后才可继续调出图 2-27 所示的"新建表格样式"对话框。下面对"新建表格样式"的一些选项作简单的介绍。

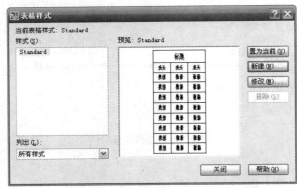

图 2-25　表格样式

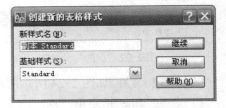

图 2-26　创建新的表格样式

- 选择起始表格：是指对新建的表格样式选择一个基础的参照表格，新建的表格将在所选择的起始表格基础上编辑修改而成。
- 表格方向：表格方向下面有向下、向上两个选项，是指表格的生成方向。一般的表格是向下生成，但是装配图的明细栏表格是向上生成的。
- 单元样式：单元样式下拉列表框里面有标题、表头、数据、创建新单元样式和管理单元样式等选项。每个选项下面又有"基本"、"文字"、"边框"三个标签，可以设置相应的具体参数。

● 单元样式预览：可以实时地提供单元格式的预览效果。

图 2-27　新建表格样式

（2）创建表格

启动"表格"命令的方法：

● 选择"绘图"菜单下的"表格"子菜单。

● 选择"绘图"工具栏中的"表格"图标。

● 在命令行中输入"table"命令。

"插入表格"对话框如图 2-28 所示。下面对"插入表格"对话框的一些选项做一个简单
介绍。

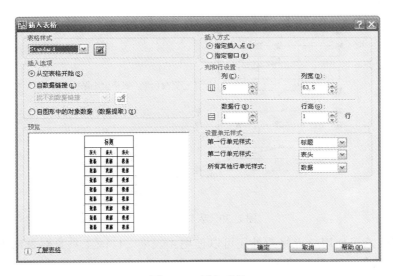

图 2-28　插入表格

● 表格样式：选择"standard"样式或者其他已经创建的样式或者通过右边的按钮![icon]启
动表格样式。

- 插入选项：有"从空白表格开始"、"自数据链接"、"自图形中的对象数据"三个选项。
- 插入方式：有"指定插入点"和"指定窗口"两个选项。"指定插入点"需要下面的列数、列宽、行数、行高四个数据确定表格的大小。"指定窗口"在列数和列宽中只能选一个，行数和行高也只能选一个，其他两个选项需要在绘图窗口上拖动来确定表格的大小。
- 设置单元样式：可以设置第一行、第二行和其他行的样式。

表格创建完成后，用户可以单击该表格上的任意网格线以选中该表格，然后通过表格夹点来修改表格，如图 2-29 所示。

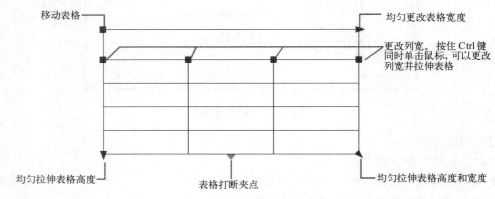

图 2-29　表格夹点修改

在更改表格的高度或宽度时，只有与所选夹点相邻的行或列会改变，表格的高度或宽度保持不变。根据正在编辑的行或列的大小按比例更改表格的大小时，需要在使用列夹点时按住 Ctrl 键，如图 2-30 所示。

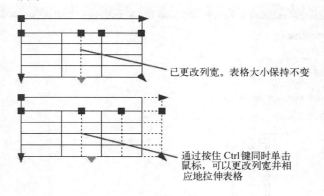

图 2-30　表格宽度修改

表格的修改除了使用夹点修改外还可以使用"表格"修改工具条对表格进行编辑修改，"表格"修改工具条如图 2-31 所示。

图 2-31　表格修改

2.1.5 练习题

2-1 绘制如图 2-32 所示的图形。

2-2 绘制如图 2-33 所示的图形。

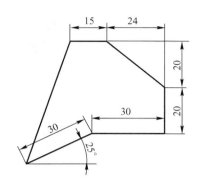

图 2-32 习题 2-1 图形

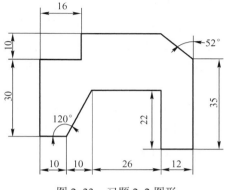

图 2-33 习题 2-2 图形

2-3 绘制如图 2-34 所示的图形。

2-4 绘制如图 2-35 所示的图形。

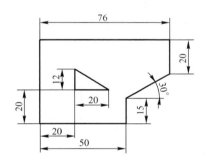

图 2-34 习题 2-3 图形

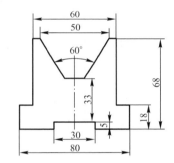

图 2-35 习题 2-4 图形

2-5 绘制如图 2-36 所示的图形。

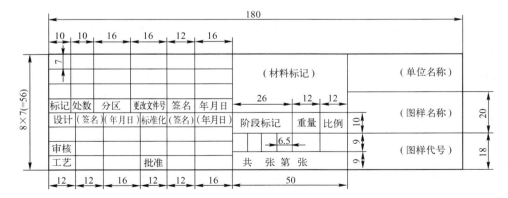

图 2-36 习题 2-5 图形

项目 2.2 冲压件的绘制

2.2.1 项目描述

冲压是用安装在压力机上的冲模对板材等材料施加外力，使之产生塑性变形或分离，从而获得所需形状和尺寸的工件（冲压件）的成形加工方法。全世界的钢材中，有 60%～70% 是板材，其中大部分是经过冲压制成的成品。汽车的车身、底盘、油箱、散热器片，锅炉的锅筒，容器的壳体，电动机、电器的铁心硅钢片等都是冲压加工而制成的。

图 2-37 的冲压件的绘制将用到点画线、直线、圆、修剪、镜像和阵列等工具。本项目重点在于练习镜像、阵列，难点在于阵列的创建。图形绘制过程中要注意图形的定位和尺寸的基准选择，从而掌握较简单的典型零件的绘图方法和步骤。

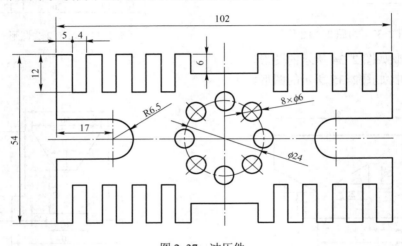

图 2-37 冲压件

2.2.2 知识准备——点画线、圆和圆弧、镜像、阵列

1．点画线的设置

单击"图层"工具栏里的"图层特性"图标，在图 2-38 所示的"图层特性管理器"对话框中单击"新建图层"图标，新建图层 1。在图层 1 中单击对应的"线型"图标 Contin…，调出图 2-39 的"选择线型"对话框，如果当前对话框中没有需要的点画线线型，则单击"加载"按钮，在图 2-40 的"加载线型"对话框中选择"CENTER"线型。

如果在点画线图层下绘制的点画线间距太大或者太小，可以选择"特性"工具栏里"线型"下拉菜单的"其他"选项（图 2-41）调出线型管理器对话框（图 2-42），单击"显示细节／隐藏细节"按钮，调节全局比例因子或者当前对象缩放比例就可以调节点画线的间距。

图 2-38　图层特性管理器

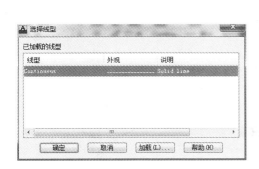

图 2-39　选择线型

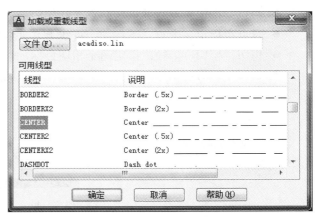

图 2-40　加载线型

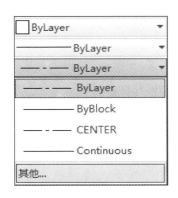

图 2-41　线型特性

图 2-42　线型管理器

2. 圆的绘制

启动"圆"命令的方法如下：

● 选择"绘图"菜单下的"圆"子菜单。

● 选择"常用"面板，"绘图"工具栏，"圆"图标。

● 在命令行中输入"circle"命令。

启动"圆"命令后，命令行显示如下信息：

命令: _circle
指定圆的圆心或[三点(3P)/两点(2P)/切点、切点、半径(T)]:
指定圆的半径或[直径(D)]:

绘图菜单中绘制圆的下拉子菜单如图 2-43 所示。

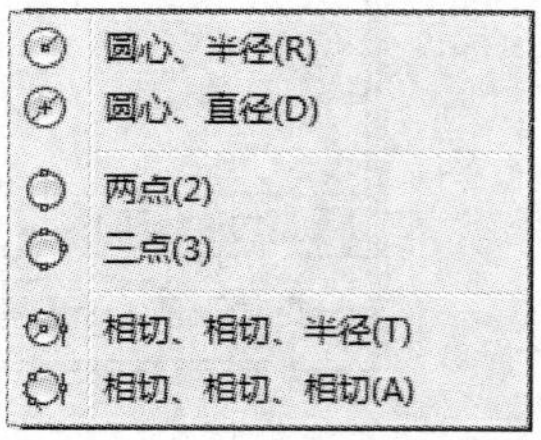

绘制圆的 6 种方式，如图 2-44 所示。

● 圆心、半径：指定圆心位置，输入半径大小绘制圆。

● 圆心、直径：指定圆心位置，输入直径大小绘制圆。

● 两点：指定两点，并以这两点之间的距离为直径绘制圆。

● 三点：指定 3 个点（不在同一直线上）来绘制圆，并且圆弧通过这 3 个点。

● 相切、相切、半径：指定两个相切目标，输入半径大小绘制圆。

● 相切、相切、相切：指定三个相切目标绘制圆。

图 2-43　绘制圆下拉菜单

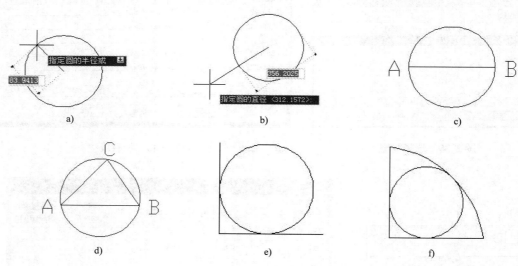

图 2-44　绘制圆的 6 种方式

a) 圆心、半径　b) 圆心、直径　c) 两点　d) 三点　e) 相切、相切、半径　f) 相切、相切、相切

3. 圆弧绘制

启动"圆弧"命令的方法如下：

● 选择"绘图"菜单下的"圆弧"子菜单。

● 选择"常用"面板，"绘图"工具栏，"圆弧"图标。

● 在命令行中输入"arc"命令。

启动"圆弧"命令后，命令行显示如下信息：

命令：_arc
指定圆弧的起点或[圆心(C)]：
指定圆弧的第二个点或[圆心(C)/端点(E)]：
指定圆弧的端点：

绘图菜单中绘制圆弧下拉子菜单提供了如图 2-45 所示的 11 种绘制圆弧的方式，其方法和圆的绘制相似。

【例 2-4】 绘制如图 2-46 所示的圆弧连接图形。

1）新建两个图层，线型分别设置为点画线和粗实线。

2）用点画线绘制如图 2-47 所示的中心线，线条长度控制在 20 个单位左右。

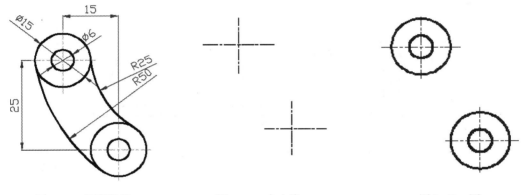

图 2-45 绘制圆弧下拉菜单

3）用圆心、半径的方式绘制如图 2-48 所示的圆，其中大圆半径为 7.5，小圆半径为 3（注意圆心要捕捉中心线的交点）。

图 2-46 圆弧连接　　　　图 2-47 中心线　　　　图 2-48 圆

4）用相切、相切、半径的方式绘制如图 2-49 所示的连接圆，半径分别为 25、50（注意相切的位置）。

5）用修剪的方式剪掉多余的线条，得到如图 2-50 所示的图形。

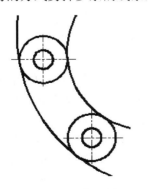

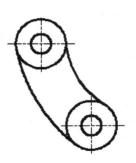

图 2-49 相切圆　　　　　　　　图 2-50 修剪

4. 镜像

可以绕指定轴创建对称的图像。

启动"镜像"命令的方法如下：

● 选择"修改"菜单下的"镜像"子菜单。

● 选择"常用"面板，"修改"工具栏，"镜像"图标。

● 在命令行中输入"mirror"命令。

启动"镜像"命令后，命令行显示如下信息：

命令:_mirror
选择对象: 指定对角点: 找到 2 个
选择对象:
指定镜像线的第一点: 指定镜像线的第二点:
要删除源对象吗?[是(Y)/否(N)] <N>:

镜像时选择需要镜像的对象后，需要选择对称中心线，确定后提示是否删除源对象。镜像的效果如图 2-51 所示。

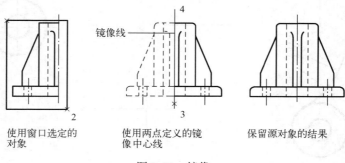

图 2-51　镜像

5. 阵列

对于多个相同对象要按一定规律排列，可以用 CAD 中的阵列工具。阵列有矩形、路径、环形（圆形）三种方式。

启动"阵列"命令的方法如下：

● 选择"修改"菜单下的"阵列"子菜单选项（注意 3 种阵列方式）。

● 选择"常用"面板，"修改"工具栏，"阵列"图标。

● 在命令行中输入"array"命令。

启动"阵列"命令时，调出如图 2-52 所示阵列对话框（只有在"草图与注释"空间中出现，在"AutoCAD 经典"空间不会出现，此时的阵列需要根据命令窗口的提示操作）。对阵列对话框中的一些选项作如下简单介绍。

● 矩形阵列中要指定阵列的行数、列数和层数（层数即图中的"级别"，在三维空间阵列中用到），并且要指定行间距、列间距和层间距（间距即图中的"介于"）。

● 路径阵列中要选择阵列的对象和路径，输入阵列的数目、行数及层数。

● 环形阵列中要指定阵列的中心点，输入阵列的数目、行数（圈数）及层数。

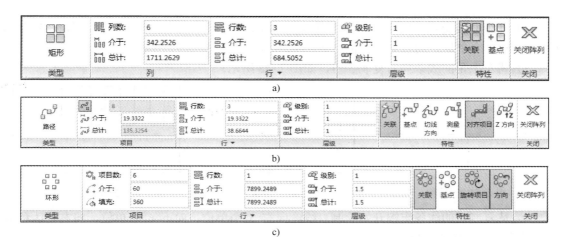

a)

b)

c)

图 2-52 阵列对话框

a) 矩形阵列 　b) 路径阵列 　c) 环形阵列

图 2-53 为 2 行 4 列的矩形阵列示例。

图 2-54 为 8 份 3 行的路径阵列示例。

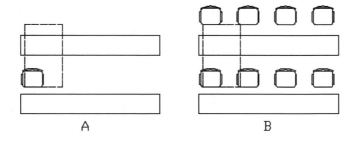

A   B

图 2-53 矩形阵列

图 2-55 为 8 份 360°填充的环形阵列示例。

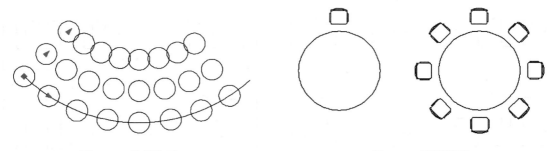

图 2-54 路径阵列　　　　　　　　　　图 2-55 环形阵列

2.2.3 项目实施

绘制图 2-37 所示冲压件的步骤如下（将工作空间设置为"AutoCAD 经典"模式）：

1）绘制中心线如图 2-56 所示。

2）从中心线交点处向左追踪 51 个单位开始绘制直线，向上 27 个单位、向右 5 个单位、向下 12 个单位、向右 4 个单位、向上 12 个单位，如图 2-57 所示。

3）将左上角的线条向右复制 3 份，如图 2-58 所示。

图 2-56　步骤 1　　　　　图 2-57　步骤 2　　　　　图 2-58　步骤 3

4）从复制后的线条末端开始绘制直线，向右 5 个单位、向下 6 个单位、向右到达和中心线的交点，如图 2-59 所示。

5）将前面绘制的线条向下镜像⚃，如图 2-60 所示。

6）从左端中点向右追踪 17 个单位作为圆心绘制 $\phi13$ 的圆，从圆的上部和下部象限点处向左绘制直线到左边线的交点处，修剪 ╫ 多余的线条，如图 2-61 所示。

7）再将整个图形向右镜像⚃，如图 2-62 所示。

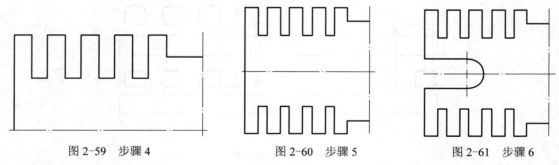

图 2-59　步骤 4　　　　　图 2-60　步骤 5　　　　　图 2-61　步骤 6

8）用点画线绘制 $\phi24$ 的圆，在交点处绘制 $\phi6$ 的圆，如图 2-63 所示。将 $\phi6$ 的圆环形阵列⊞8 份，最终完成图 2-37 冲压件的绘制。

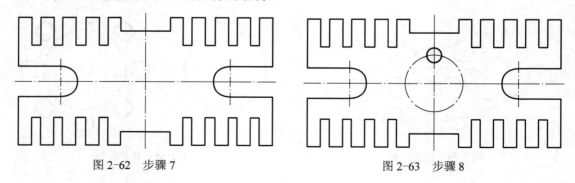

图 2-62　步骤 7　　　　　　　　图 2-63　步骤 8

2.2.4　项目拓展——矩形、正多边形、椭圆

1．矩形绘制

启动"矩形"命令的方法如下：

- 选择"绘图"菜单下的"矩形"子菜单。
- 选择"常用"面板,"绘图"工具栏,"矩形"图标。
- 在命令行中输入"rectang"命令。

启动"矩形"命令后,命令行显示如下信息:

命令: _rectang
指定第一个角点或[倒角(C)/标高(E)/圆角(F)/厚度(T)/宽度(W)]:
指定另一个角点或[面积(A)/尺寸(D)/旋转(R)]:
命令: 指定对角点:

使用"矩形"命令可创建矩形形状的闭合多段线,并能控制矩形上角点的类型(圆角、倒角或直角),还可以指定长度、宽度、面积和旋转参数。

在图 2-64 中,a 图是长宽分别为 20、10 的矩形;b 图是长宽分别为 20、10 且倒角为 2×2 的矩形;c 图是长宽分别为 20、10 且圆角为 2 的矩形;d 图是长宽分别为 20、10 且圆角和宽度为 2 的矩形;e 图是长宽分别为 20、10,圆角为 2,宽度为 2,厚度为 5 的矩形。

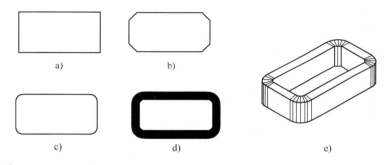

图 2-64　矩形的绘制

2. 正多边形绘制

启动"正多边形"命令的方法如下:

- 选择"绘图"菜单下的"正多边形"子菜单。
- 选择"常用"面板,"绘图"工具栏,"正多边形"图标。
- 在命令行中输入"polygon"命令。

启动"正多边形"命令后,命令行显示如下信息:

命令: _polygon 输入边的数目<4>:
指定正多边形的中心点或[边(E)]:
输入选项[内接于圆(I)/外切于圆(C)] <I>: I
指定圆的半径:

在绘制正多边形时有 3 个选项需要注意:

1)内接于圆(I),正多边形内接于圆,以圆的大小确定正多边形的大小,如图 2-65a 所示;

2)外切于圆(C),正多边形外切于圆,以圆的大小确定正多边形的大小,如图 2-65b 所示;

3）边（E），以正多边形的边长确定正多边形的大小，如图 2-65c 所示。

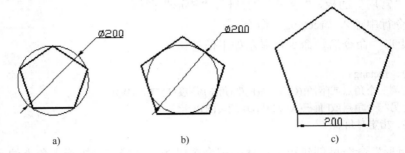

图 2-65　正多边形的绘制

3．椭圆绘制

启动"椭圆"命令的方法如下：

- 选择"绘图"菜单下的"椭圆"子菜单。
- 选择"常用"面板，"绘图"工具栏，"椭圆"图标。
- 在命令行中输入"ellipse"命令。

启动"椭圆"命令后，命令行显示如下信息：

> 命令: _ellipse
> 指定椭圆的轴端点或[圆弧(A)/中心点(C)]:
> 指定轴的另一个端点:
> 指定另一条半轴长度或[旋转(R)]:

椭圆的绘制提供了中心点，轴、端点，圆弧三种方式，如图 2-66 所示。

- 中心点：指定中心点，再指定两个端点作为椭圆的两个半轴长度绘制椭圆；
- 轴、端点：指定两点作为椭圆的一个轴，再指定另一条半轴的长度绘制椭圆；
- 圆弧：指定两点作为椭圆的一个轴，指定另一条半轴长度，再指定起始角度和终止角度确定椭圆弧的弧度大小来绘制椭圆弧。

图 2-67 中，O 点为椭圆中心点，A、B、C、D 为椭圆端点，AB 为椭圆长轴，CD 为椭圆短轴。

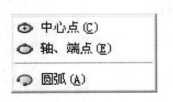

图 2-66　椭圆绘制方式

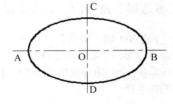

图 2-67　椭圆

2.2.5　练习题

2-6　绘制如图 2-68 所示的图形，已知椭圆长轴长度为 100、短轴长度为 60。

2-7　绘制如图 2-69 所示的图形，已知 AB=100、AC=60、BC=80。

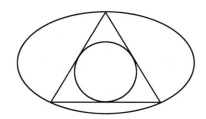

图 2-68　习题 2-6 图形

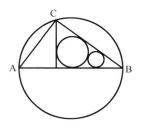

图 2-69　习题 2-7 图形

2-8　绘制如图 2-70 所示的图形。

2-9　绘制如图 2-71 所示的图形。

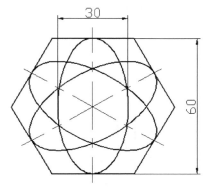

图 2-70　习题 2-8 图形

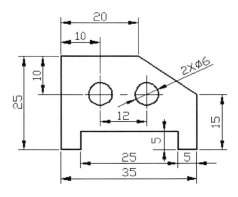

图 2-71　习题 2-9 图形

2-10　绘制如图 2-72 所示的图形。（提示：方法 1，求两相邻小圆与大圆圆心夹角；方法 2，作边长为 10 的正十二边形。）

2-11　绘制如图 2-73 所示的图形（外边是边长为 10 的正十六边形）。

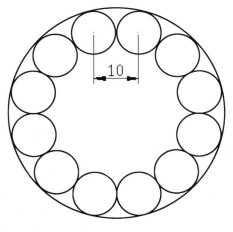

图 2-72　习题 2-10 图形

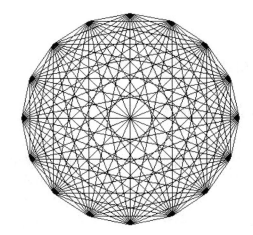

图 2-73　习题 2-11 图形

2-12　绘制如图 2-74 所示的图形。

2-13　绘制如图 2-75 所示的图形。

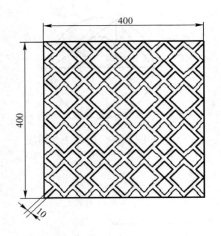

图 2-74 习题 2-12 图形

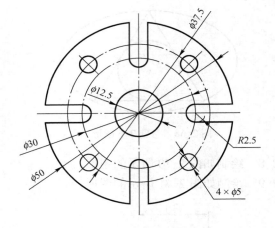

图 2-75 习题 2-13 图形

2-14 绘制如图 2-76 所示的图形。

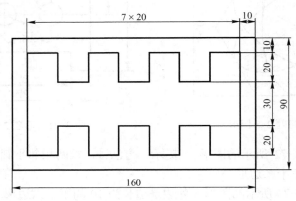

图 2-76 习题 2-14 图形

项目 2.3 吊钩的绘制

2.3.1 项目描述

吊钩是起重机械中最常见的一种吊具，常借助于滑轮组等部件悬挂在起升机构的钢丝绳上。吊钩在作业过程中常受到冲击，须采用韧性好的优质碳素钢制造。

图 2-77 所示吊钩的绘制涉及圆弧连接、圆心位置确定、倒角、圆角等知识点。重点和难点在于圆心确定和圆弧连接。钩嘴部分 R3、R23、R40 的圆弧图形中只注明了形状尺寸，而定位尺寸是隐含的，需要根据圆弧相切分析（内切、外切及相关的半径相加、相减）找出定位尺寸才能绘制其圆弧。注意绘图的思路是先定基准，然后从简单的部分（有形状尺寸和定位尺寸）开始，再通过相切圆的方法确定定位位置。

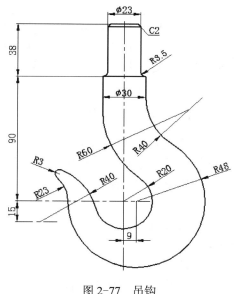

图 2-77　吊钩

2.3.2　知识准备——倒角、圆角

1. 倒角

在图形编辑中可以对对象进行倒角处理。

启动"倒角"命令的方法如下：

- 选择"修改"菜单下的"倒角"子菜单。
- 选择"常用"面板，"修改"工具栏，"倒角"图标。
- 在命令行中输入"chamfer"命令。

启动"倒角"命令后，命令行显示如下信息：

> 命令: _chamfer
> （"不修剪"模式）当前倒角距离 1 = 2.0000，距离 2 = 2.0000
> 选择第一条直线或[放弃(U)/多段线(P)/距离(D)/角度(A)/修剪(T)/方式(E)/多个(M)]:
> 选择第二条直线，或按住 Shift 键选择直线以应用角点或[距离(D)/角度(A)/方法(M)]:

在使用"倒角"时，要注意"距离（D）"、"角度（A）"、"修剪（T）"和"多个（M）"等选项。

- 距离（D）：指定倒角距离；
- 角度（A）：设置倒角角度；
- 修剪（T）：设置倒角修剪方式，有"修剪（T）"和"不修剪（N）"两种方式；
- 多个（M）：设置为连续倒角的方式。

【例 2-5】　将图 2-78 中 a 图倒角为 c 图效果，其中倒角距离为 2×45°。

1) 启动"倒角"命令；

2) 设置修剪模式为"修剪（T）"；

3) 设置连续倒角的"多个（M）"选项；

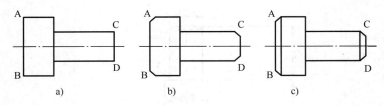

图 2-78　倒角

4）设置倒角距离，"指定第一个倒角距离 <10.0000>: 2"；

5）连续选择 A、B、C、D 处直线进行倒角，如图 2-78b 所示；

6）将 AB、CD 处直线补上，如图 2-78c 所示。

2. 圆角

在图形编辑中可以对对象进行圆角处理。

启动"圆角"命令的方法如下：

● 选择"修改"菜单下的"圆角"子菜单。

● 选择"常用"面板，"修改"工具栏，"圆角"图标。

● 在命令行中输入"fillet"命令。

启动"圆角"命令后，命令行显示如下信息：

　　命令: _fillet
　　当前设置: 模式 = 不修剪，半径 = 5.0000
　　选择第一个对象或[放弃(U)/多段线(P)/半径(R)/修剪(T)/多个(M)]:
　　选择第二个对象，或按住 Shift 键选择对象以应用角点或[半径(R)]:

在使用"圆角"时，要注意"半径（R）"和"修剪（T）"两个选项。

● 半径（R）：设置圆角处的圆角半径；

● 修剪（T）：设置圆角处的修剪方式，有"修剪（T）"和"不修剪（N）"两种方式。

图 2-79 中，a 图为原图，b 图为圆角"修剪（T）"方式，c 图为圆角"不修剪（T）"方式，d 图为将 b 图补上 AB 或者将 c 图修剪 AC、BD 的效果。

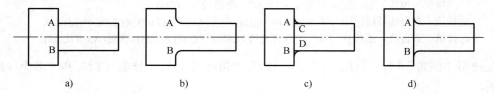

图 2-79　圆角

2.3.3　项目实施

绘制图 2-77 吊钩的步骤如下。

1）将工作空间设置为 AutoCAD 经典模式。

2）设置点画线图层和轮廓线图层。

3）用点画线绘制长度为 100 的水平线和长度为 200 的竖直线，如图 2-80 所示。

4）转换轮廓线图层为当前图层，在交点处绘制 R20 的圆，将水平点画线向上偏移 90 个单位，再向上偏移 38 个单位，将两偏移的点画线转换为轮廓线（选中两偏移的水平点画线，再在图层中选择轮廓线图层），如图 2-81 所示。

5）将竖直中心线向左、向右分别两次偏移 11.5 个单位和 15 个单位，修剪后得到如图 2-82 所示图形。

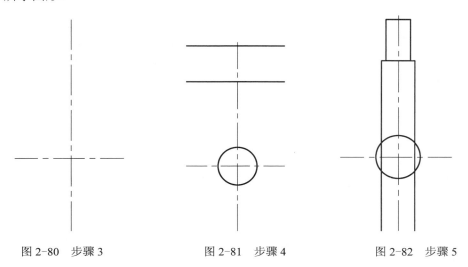

图 2-80　步骤 3　　　　　　　　图 2-81　步骤 4　　　　　　　　图 2-82　步骤 5

6）单击"绘图"工具条中的绘圆图标，从点画线交点 A 向右追踪 9 个单位到 B 点，以 B 点为圆心绘制 R48 的圆 1，如图 2-83 所示。

7）将第 3 步绘制的水平点画线向下偏移 15 个单位并单击线条将左端句柄点水平向左拖动，以 A 为圆心绘制 R60 的圆 2，再以交点 C 为圆心绘制 R40 的圆 3，如图 2-84 所示。

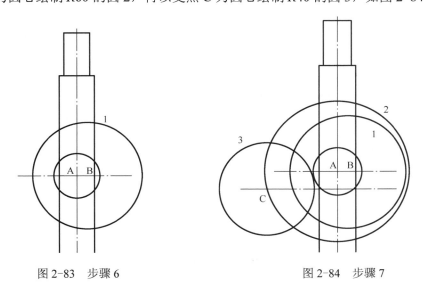

图 2-83　步骤 6　　　　　　　　　　　　　图 2-84　步骤 7

8）绘制圆，从交点 D 向左追踪 23 个单位为圆心点绘制 R23 的圆 4，如图 2-85 所示。

9）选取 相切、相切、半径(T) 的方式绘制圆，选择直线 5 为第一个切点，选择圆 1 为第二个切点，再输入半径 40 绘制圆 6，在用同样的方法绘制 R60 的圆 7，如图 2-86 所示。

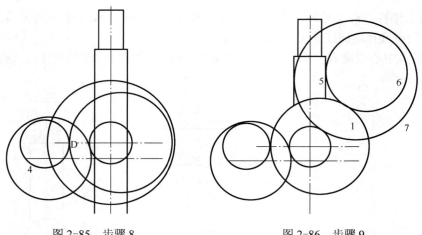

图 2-85　步骤 8　　　　　　　　　　　图 2-86　步骤 9

10）单击圆角工具图标 ，设置半径为 3，单击圆 3 和圆 4 进行圆角。再次单击圆角工具图标 ，设置半径为 3.5，对 E、F 处进行圆角。再次单击倒角工具图标 ，设置倒角距离为 2，对 G、H 处进行倒角，如图 2-87 所示。

11）修剪多余的线条，在 G、H 处补一条水平线，调整线条 8 的位置，最后效果如图 2-88 所示。

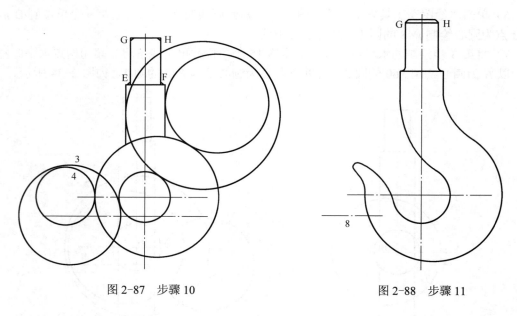

图 2-87　步骤 10　　　　　　　　　　图 2-88　步骤 11

2.3.4　项目拓展——选择、编组、删除、复制、移动、旋转、样条曲线、光顺曲线

1. 选择

选择对象进行编辑时，用户可以采用逐个选择、窗口选择、交叉选择等多种选择方式。

在命令行输入命令"select"，在选择对象提示下输入"?"，会有如下显示：

命令: SELECT

选择对象:?

无效选择

需要点或窗口(W)/上一个(L)/窗交(C)/框(BOX)/全部(ALL)/栏选(F)/圈围(WP)/圈交(CP)/编组(G)/添加(A)/删除(R)/多个(M)/前一个(P)/放弃(U)/自动(AU)/单个(SI)/子对象(SU)/对象(O)

下面介绍几种常见的选择方式。

- 单击选择:用户可以使用鼠标左键单击选择一个对象,也可以逐个选择多个对象。
- 窗口(W)选择:在"选择对象"提示下输入"w"(窗口),用鼠标从左上向右下拖动一个矩形选择窗口,完全位于矩形区域内部的对象被选中。此种选择方式为默认选择方式,在选择对象时不需输入"select"命令,也不需输入"窗口(W)"选项。
- 窗交(C)选择:在"选择对象"提示下输入"C"(窗交),用鼠标从左上向右下拖动一个矩形选择窗口,凡是在选择窗口内部或者和选择窗口相交的对象被选中。窗交(C)选择的另一种便捷方式是用鼠标从右下向左上拖动一个矩形选择窗口,凡是在选择窗口内部或者和选择窗口相交的对象被选中,此种方式不需输入"窗交(C)"选项。
- 圈围(WP)选择:在"选择对象"提示下输入"WP"(圈围),指定几个点定义一个封闭的区域,完全位于多边形区域内的对象被选中。
- 圈交(CP)选择:在"选择对象"提示下输入"CP"(圈交),指定几个点定义一个封闭的区域,凡是在此区域内部或者和此区域相交的对象被选中。

快速选择:选择"工具"菜单下的"快速选择"子菜单,或者在命令行中输入"qselect"命令都可以调出"快速选择"对话框,如图 2-89 所示。在"快速选择"对话框中可以按颜色、图层、线型、线宽等特性及条件选择出需要的对象。

对象选择过滤器:在命令行中输入"filter"命令,调出"对象选择过滤器"对话框,如图 2-90 所示。在"对象选择过滤器"对话框中可以按标高、标注、表格、材质、图块等特性及条件选择出需要的对象。

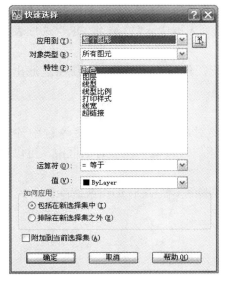

图 2-89　快速选择

图 2-90　对象选择过滤器

【例2-6】 选择图2-91中半径为3的圆和半径为8的圆弧，输入选项如图2-92所示。

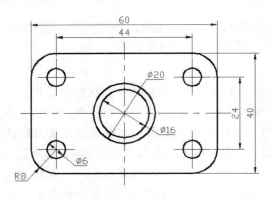

图2-91 例2-6图

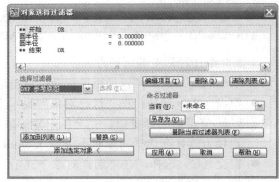

图2-92 过滤器中的输入条件

1）在命令行中输入"filter"命令，调出"对象选择过滤器"对话框。

2）在"对象选择过滤器"对话框下面的"选择过滤器"下拉列表框中选择"**开始 OR"选项，并单击"添加到列表"按钮，将其添加到过滤器列表框中。"**开始 OR"选项表示以下各项目为逻辑"或"关系。

3）在"对象选择过滤器"对话框下面的"选择过滤器"下拉列表框中选择"圆半径"选项，在 X 后面的下拉列表框中选择"="，在对应的文本框中输入 3，表示将半径为 3 的圆设置为选择对象。单击"添加到列表"按钮，将其添加到过滤器列表框中。

4）将过滤器列表框中的"对象=圆"选项选中，并单击"删除"按钮将其删除。

5）在"对象选择过滤器"对话框下面的"选择过滤器"下拉列表框中选择"圆半径"选项，在 X 后面的下拉列表框中选择"="，在对应的文本框中输入 8，表示将半径为 8 的圆设置为选择对象。单击"添加到列表"按钮，将其添加到过滤器列表框中。

6）再次将过滤器列表框中的"对象=圆"选项选中，并单击"删除"按钮将其删除。

7）在"对象选择过滤器"对话框下面的"选择过滤器"下拉列表框中选择"**结束 OR"选项，并单击"添加选定对象"将其添加到过滤器列表框中。"**结束 OR"选项表示以上各项目逻辑"或"关系结束。

8）单击"应用"按钮，在绘图窗口中框选所有图形，然后按回车键，系统将过滤出符合条件的对象，并将其选中。

2．编组

在 AutoCAD 2013 中，用户可以根据自己的需要对象进行编组。在命令行中输入"classicgroup"命令，将调出如图 2-93 所示的"对象编组"对话框。在该对话框中，可以进行查找组、新建组、删除组、添加组和分解组等操作。

编组命令也可以通过"工具"菜单中的"组"和"解除编组"进行编组或解除。

3．删除

启动"删除"命令的方法如下：

● 选择"修改"菜单下的"删除"子菜单。

● 选择"常用"面板，"修改"工具栏，"删除"图标。

图 2-93　对象编组

- 在命令行中输入"erase"命令。
- 按下键盘上的"Delete"键。

4．复制

可以从源对象以指定的角度和方向创建对象的副本。使用坐标、栅格捕捉、对象捕捉和其他工具可以精确复制对象。

启动"复制"命令的方法如下：

- 选择"修改"菜单下的"复制"子菜单。
- 选择"常用"面板，"修改"工具栏，"复制"图标。
- 在命令行中输入"copy"命令。
- 选择需要的复制对象后，单击鼠标右键，在弹出的菜单中选择"复制选项"屏幕菜单。

启动"复制"命令后，命令行显示如下信息：

命令: _copy
选择对象: 找到 1 个
选择对象:
当前设置:　复制模式 = 多个
指定基点或[位移(D)/模式(O)] <位移>: 指定第二个点或 <使用第一个点作为位移>:
指定第二个点或[退出(E)/放弃(U)] <退出>:

在复制时可以将一个对象同时复制多份，如图 2-94 所示。

5．移动

将选择的对象以指定的角度和方向移动位置。使用坐标、栅格捕捉、对象捕捉和其他工具可以精确移动对象。

启动"移动"命令的方法如下：

- 选择"修改"菜单下的"移动"子菜单。

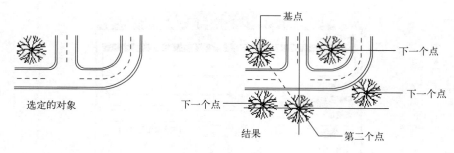

图 2-94　复制

- 选择"常用"面板，"修改"工具栏，"移动"图标。
- 在命令行中输入"move"命令。

移动选择对象时，操作过程如下：

- 输入"move"命令；
- 选择要移动的对象（选择完对象后单击鼠标右键或按"回车"键表示结束选择）；
- 指定移动对象的基点；
- 指定移动对象的目标点（可以捕捉目标点也可以输入相对坐标来确定目标位置）。

6. 旋转

将选择的对象以指定的角度旋转位置。使用数值、栅格捕捉、对象捕捉和其他工具可以精确旋转对象。

启动"旋转"命令的方法如下：

- 选择"修改"菜单下的"旋转"子菜单。
- 选择"常用"面板，"修改"工具栏，"旋转"图标。
- 在命令行中输入"rotate"命令。

旋转选择对象时，操作过程如下：

- 输入"rotate"命令；
- 选择要旋转的对象（选择完对象后单击鼠标右键或按"回车"键表示结束选择）；
- 指定旋转对象的基点；
- 指定旋转角度（默认情况下以逆时针方向为正）或复制（C）/参照（R）。旋转角度可以通过命令行输入具体的角度数值，也可以转动光标位置来产生角度（可以利用极轴追踪或对象捕捉）。复制（C）选项是创建选定对象的副本，参照（R）选项是将选定对象从指定参照角度开始旋转到对应角度。

【例 2-7】 将图 2-95 中的 a 图旋转 150°成 b 图。

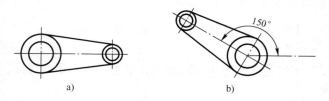

图 2-95　旋转

1）输入"rotate"命令；

2）选择要旋转的对象，框选整个 a 图；

3）指定旋转对象的基点为 a 图左边同心圆的圆心；

4）输入旋转角度 150°，旋转后成 b 图。

7．样条曲线绘制

样条曲线是经过或接近一系列给定点的光滑曲线。在样条曲线中可以控制曲线与点的拟合程度。AutoCAD 样条曲线命令将创建一种非一致有理 B 样条（NURBS）曲线的特殊样条曲线类型。NURBS 曲线在控制点之间产生一条光滑的曲线。

启动"样条曲线"命令的方法如下：

● 选择"绘图"菜单下的"样条曲线"子菜单。

● 选择"常用"面板，"绘图"工具栏，"样条曲线"图标。

● 在命令行中输入"spline"命令。

启动"样条曲线"命令后，命令行显示如下信息：

命令：_spline
指定第一个点或[对象(O)]:
指定下一点:
指定下一点或[闭合(C)/拟合公差(F)] <起点切向>:
指定下一点或[闭合(C)/拟合公差(F)] <起点切向>:
指定起点切向:
指定端点切向:

可以通过指定点来创建样条曲线。也可以封闭样条曲线，使起点和端点重合，如图 2-96 所示。

图 2-96　样条曲线及其闭合方式

公差表示样条曲线拟合所指定的拟合点时的拟合精度。公差越小，样条曲线与拟合点越接近。公差为 0 时，样条曲线将通过该点。在绘制样条曲线时，可以改变样条曲线拟合公差以查看效果，如图 2-97 所示。

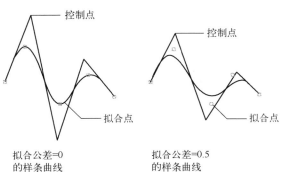

图 2-97　样条曲线的拟合公差

通过菜单"修改"→"对象"→"样条曲线"可以编辑样条曲线，编辑样条曲线有如下选项。

- 拟合数据：编辑定义样条曲线的拟合点数据，包括修改公差。
- 闭合：将开放样条曲线修改为连续闭合的环。
- 移动顶点：将拟合点移动到新位置。
- 细化：在样条曲线中增加控制点的数目或改变指定控制点的权值来控制样条曲线的精度。
- 反转：修改样条曲线方向。

8. 光顺曲线

在两条选定直线或曲线之间的间隙中创建样条曲线。有效对象包括直线、圆弧、椭圆弧、螺旋、开放的多段线和开放的样条曲线。

启动"光顺曲线"命令的方法：

- 选择"修改"菜单下的"光顺曲线"子菜单。
- 选择"常用"面板，"修改"工具栏，"圆角/光顺曲线"图标。
- 在命令行中输入"blend"命令。

启动"光顺曲线"命令后，命令行显示如下信息：

命令: BLEND
连续性 = 相切
选择第一个对象或[连续性(CON)]: con
输入连续性[相切(T)/平滑(S)] <相切>:
选择第一个对象或[连续性(CON)]:
选择第二个点:

光顺曲线的连续性（过渡类型）有相切、平滑两种。以相切方式创建一条 3 阶样条曲线，在选定对象的端点处具有相切连续性。以平滑方式创建一条 5 阶样条曲线，在选定对象的端点处具有曲率连续性。如果使用"平滑"选项，请勿将显示从控制点切换为拟合点。此操作将样条曲线更改为 3 阶，这会改变样条曲线的形状。

光顺曲线效果如图 2-98 所示。

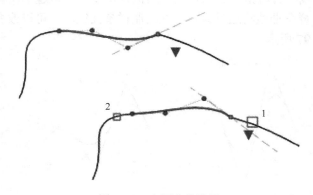

图 2-98　光顺曲线效果

2.3.5 练习题

2-15 绘制如图 2-99 所示的图形。

2-16 绘制如图 2-100 所示的图形。

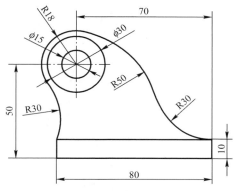

图 2-99 习题 2-15 图形

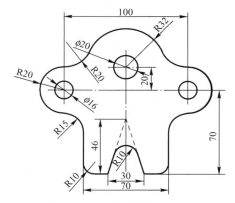

图 2-100 习题 2-16 图形

2-17 绘制如图 2-101 所示的图形。

2-18 绘制如图 2-102 所示的图形。

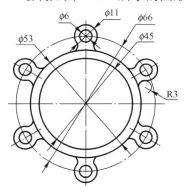

图 2-101 习题 2-17 图形

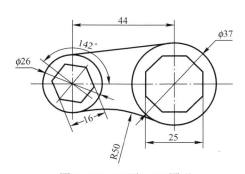

图 2-102 习题 2-18 图形

2-19 绘制如图 2-103 所示的图形。

2-20 绘制如图 2-104 所示的图形。

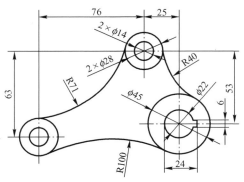

图 2-103 习题 2-19 图形

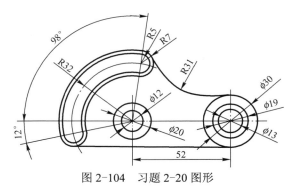

图 2-104 习题 2-20 图形

2–21 绘制如图 2–105 所示的图形。

2–22 绘制如图 2–106 所示的图形。

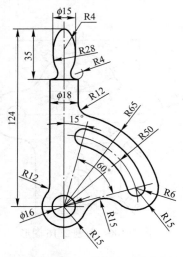

图 2–105 习题 2–21 图形

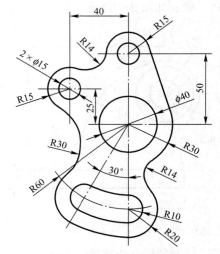

图 2–106 习题 2–22 图形

模块 3　尺寸标注与尺寸约束

零件图不仅要表达零件的结构和形状，还要表达它的大小。零件的大小由零件图上的尺寸来表示。零件的尺寸标注应该正确、完整、清晰、合理并且符合国家标准。在标注尺寸时要考虑两个问题：图形上应标注哪些尺寸及尺寸应标注在什么位置。注意尺寸不能漏标也不能重复标注。

尺寸一般包括定形尺寸（确定零件大小所需要的尺寸）、定位尺寸（确定零件相对位置所需要的尺寸）和总体尺寸（装配体总体长宽高的尺寸）。

一般在设计零件时，先构思其草图轮廓，再进行细化。如果用以前尺寸标注的方法就行不通，尺寸标注需要图形有准确的尺寸，而草图并没有准确的尺寸。用尺寸约束就可以解决草图与尺寸的矛盾。设计零件时先构思草图，再对草图添加尺寸约束和几何约束，让草图可以通过约束来精确控制。这时候的图形就可以通过参数来进行控制和修改，这种方法符合我们的思维和设计习惯，通过运用参数化的设计方法简化了设计过程，提高了设计效率。

项目 3.1　冲压件的标注

3.1.1　项目描述

图 3-1 冲压件图形尺寸的标注是在项目 2.2 图 2-37 冲压件的绘制的基础上进行的。图形尺寸标注以毫米（mm）为默认单位时，不再标注尺寸单位。如果是其他单位则必须标注单位，如度（°）、米（m）、厘米（cm）等。

图 3-1 冲压件的标注将用到线性标注、连续标注、半径标注、直径标注等知识点。在标注时要注意标注的基准，不能遗漏标注也不能重复标注。

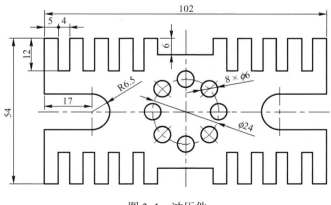

图 3-1　冲压件

3.1.2 知识准备——线性标注、连续标注、半径标注、直径标注

1．标注样式

标注是向图形中添加测量注释的过程，图 3-2 是尺寸标注的一个示例。用户可以为各种对象沿各个方向创建标注。

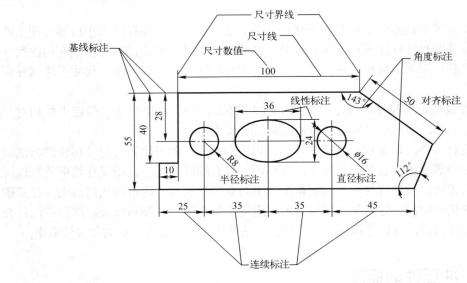

图 3-2　标注样式

标注具有以下几种元素：标注数值、尺寸线、尺寸界限、箭头。

● 标注数值：表明图形的实际测量值；
● 尺寸线：表明标注的范围；
● 尺寸界限：确定标注范围界限的线条；
● 箭头：在尺寸线和尺寸界限之间的标记符号。

2．线性标注

线性标注是标注水平和竖直方向上的尺寸。

启动"线性标注"命令的方法如下：

● 选择"标注"菜单下的"线性"子菜单。
● 选择"注释"面板，"标注"工具栏，"线性"图标。
● 在命令行中输入"dimlinear"命令。

启动"线性标注"命令后，命令行显示如下信息：

命令：_dimlinear
指定第一条尺寸界线原点或 <选择对象>:
指定第二条尺寸界线原点:
指定尺寸线位置或[多行文字(M)/文字(T)/角度(A)/水平(H)/垂直(V)/旋转(R)] :
标注文字=

线性标注中标注的是所选对象水平方向或竖直方向上的尺寸。在标注时选择要标注线条

的两个端点，线性标注如图 3-3 所示。

3．连续标注

连续标注是首尾相连的多个标注。在创建连续标注之前，必须先创建线性、对齐或角度标注。

启动"连续标注"命令的方法如下：

● 选择"标注"菜单下的"连续"子菜单。
● 选择"注释"面板，"标注"工具栏，"连续"图标。
● 在命令行中输入"dimcontinue"命令。

启动"连续标注"命令后，命令行显示如下信息：

命令: _dimcontinue
指定第二条尺寸界线原点或[放弃(U)/选择(S)] <选择>:
标注文字=

【例 3-1】

标注图 3-4 中的图形。

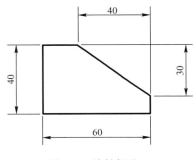

图 3-3　线性标注

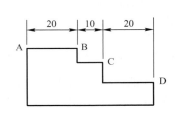

图 3-4　连续标注

1）用线性标注的方式标注 AB 线段；
2）启动"连续标注"命令，选择 C 点，再选择 D 点。

4．半径标注

半径标注可以标注圆或者圆弧的半径。

启动"半径标注"命令的方法如下：

● 选择"标注"菜单下的"半径"子菜单。
● 选择"注释"面板，"标注"工具栏，"半径"图标。
● 在命令行中输入"dimradius"命令。

启动"半径标注"命令后，命令行显示如下信息：

命令: _dimradius
选择圆弧或圆:
标注文字 =20
指定尺寸线位置或[多行文字(M)/文字(T)/角度(A)]:

在标注半径的时候，先选择所要标注的圆或者圆弧，然后拖动光标确定尺寸数值的位置。尺寸数值可以在圆内部也可以在圆外部，可以水平显示也可以与尺寸线对齐。半径标注如图 3-5 所示。

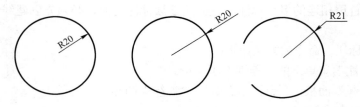

图 3-5   标注半径

5. 直径标注

直径标注可以标注圆或者圆弧的直径。

启动"直径标注"命令的方法如下：

● 选择"标注"菜单下的"直径"子菜单。

● 选择"注释"面板，"标注"工具栏，"直径"图标。

● 在命令行中输入"dimdiameter"命令。

启动"直径标注"命令后，命令行显示如下信息：

命令: _dimdiameter
选择圆弧或圆:
标注文字 = 40
指定尺寸线位置或[多行文字(M)/文字(T)/角度(A)]:

在标注直径的时候，先选择所要标注的圆或者圆弧，然后拖动光标确定尺寸数值的位置。尺寸数值可以在圆内部也可以在圆外部，可以水平显示也可以与尺寸线对齐。直径标注如图 3-6 所示。

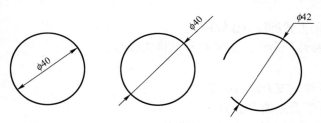

图 3-6   标注直径

3.1.3   项目实施

标注图 3-1 冲压件的步骤如下：

1）选择工作空间中的"草图与注释"空间。

2）在状态栏中的"捕捉"按钮下设置"端点"、"圆心"、"交点"捕捉方式。

3）选择"线性"标注图标 ⊟线性，首先标注长度为 102 和 54 的两个基本尺寸，如图 3-7 所示。

4）选择"线性"标注图标 ⊟线性，先标注长度为 5 的尺寸，选择"连续"标注图标

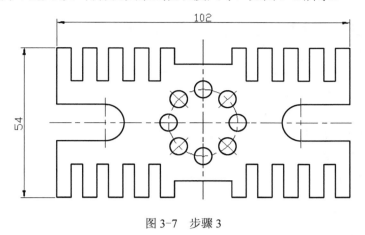，标注长度为 4 的尺寸。再标注其余线性长度尺寸，如图 3-8 所示。

图 3-7　步骤 3

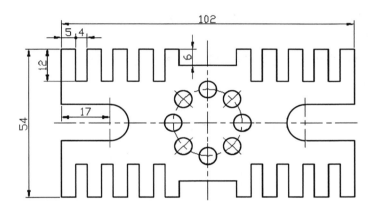

图 3-8　步骤 4

5）选择"半径"标注图标 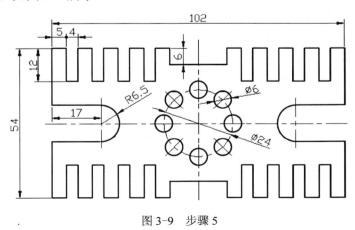 半径，标注 R6.5 的尺寸，选择"直径"标注图标 直径，标注 ϕ6 和 ϕ24 的尺寸，如图 3-9 所示。

图 3-9　步骤 5

6）双击尺寸$\phi6$，在$\phi6$前面加上"8×"，最终效果如图3-1所示。

3.1.4 项目拓展——对齐标注、角度标注、基线标注

1. 对齐标注

对齐标注在标注时尺寸线与要标注的对象对齐。

启动"对齐标注"命令的方法如下：

● 选择"标注"菜单下的"对齐"子菜单。

● 选择"注释"面板，"标注"工具栏，"对齐"图标。

● 在命令行中输入"dimaligned"命令。

启动"对齐标注"命令后，命令行显示如下信息：

    命令: _dimaligned
    指定第一条尺寸界线原点或 <选择对象>:
    指定第二条尺寸界线原点:
    指定尺寸线位置或[多行文字(M)/文字(T)/角度(A)]:
    标注文字 =

对齐标注中尺寸线和所选对象平行对齐。在标注时，选择要标注线条的两个端点，对齐标注如图3-10所示。

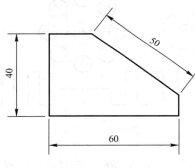

图3-10 对齐标注

2. 角度标注

角度标注可以标注两条直线之间的角度。

启动"角度标注"命令的方法：

● 选择"标注"菜单下的"角度"子菜单。

● 选择"注释"面板，"标注"工具栏，"角度"图标。

● 在命令行中输入"dimangular"命令。

启动"角度标注"命令后，命令行显示如下信息：

    命令: _dimangular
    选择圆弧、圆、直线或 <指定顶点>:
    选择第二条直线:
    指定标注弧线位置或[多行文字(M)/文字(T)/角度(A)/象限点(Q)]:
    标注文字 =

标注角度时，尺寸数值一般在所选的两条线条之间。图 3-11 中 a 是一般的角度标注，b 是连续角度标注，c 是基线角度标注。

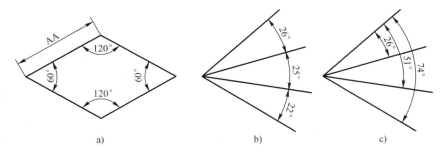

图 3-11　角度标注

3．基线标注

基线标注是自同一基线处的多个标注。在创建基线标注之前，必须先创建线性、对齐或角度标注。

启动"基线标注"命令的方法：

● 选择"标注"菜单下的"基线"子菜单。

● 选择"注释"面板，"标注"工具栏，"基线"图标。

● 在命令行中输入"dimbaseline"命令。

启动"基线标注"命令后，命令行显示如下信息：

命令：_dimbaseline
指定第二条尺寸界线原点或[放弃(U)/选择(S)] <选择>：
标注文字 ＝

【例 3-2】　标注图 3-12 中的图形。

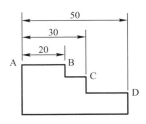

图 3-12　基线标注

1）用线性标注的方式标注 AB 线段；

2）启动"基线标注"命令，选择 C 点，再选择 D 点。

3.1.5　练习题

3-1　标注图 3-13 的图形。

3-2　标注图 3-14 的图形。

3-3　标注图 3-15 的图形。

3-4 标注图 3-16 的图形。

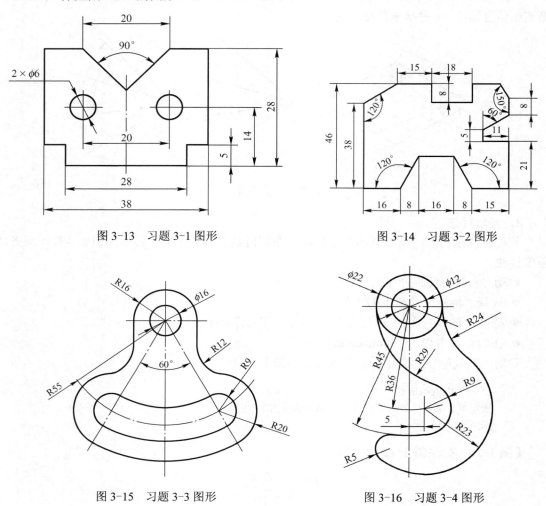

图 3-13 习题 3-1 图形

图 3-14 习题 3-2 图形

图 3-15 习题 3-3 图形

图 3-16 习题 3-4 图形

项目 3.2 轴类零件的标注

3.2.1 项目描述

图 3-17 所示轴类零件的标注将用到尺寸公差、形位公差、图块等知识点，其中尺寸公差在标注样式管理器中讲解。本项目的重点是标注样式管理器，难点是尺寸公差标注、形位公差标注。

对复杂一点的图形标注要耐心细致，先分析应该有哪些尺寸要标注，尺寸标注的基准在哪里，哪些地方有尺寸公差，哪些地方有形位公差，哪些地方要标明粗糙度，标注的顺序和层次等。当然尺寸标注需要理解设计意图及加工工艺，这是初学者不容易掌握的地方。标注完尺寸后还要注意检查，是否有遗漏或者重复标注。

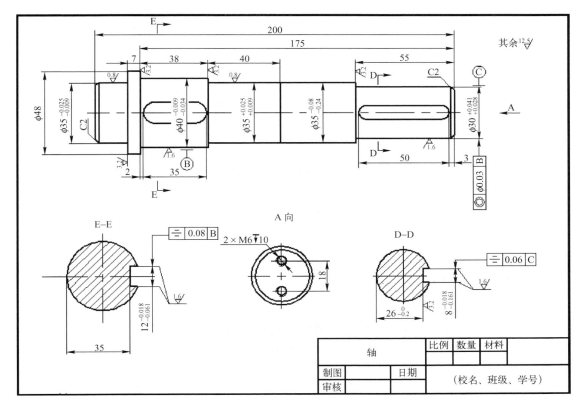

图 3-17　轴

3.2.2　知识准备——标注样式、形位公差、图案填充、图块

1. 标注样式管理

在尺寸标注的时候，经常需要调整尺寸界线的长短、箭头的样式和大小、文字的大小和对齐方式、尺寸公差的设置等，这都需要设置标注样式。

启动"标注样式"命令的方法如下：

- 选择"标注"菜单下的"标注样式"子菜单。
- 选择"注释"面板，"标注"工具栏右下角箭头图标。
- 在命令行中输入"dimstyle"命令。

启动"标注样式"命令后，调出如图 3-18 所示的"标注样式管理器"对话框。该对话框左边"样式"列表框下列出了当前可用的样式，右边有"置为当前"、"新建"、"修改"、"替代"、"比较"五个按钮，下面对五个按钮分别作简单介绍。

- 置为当前：如果有多个标注样式，可以选择其中一个并置为当前。
- 新建：新建一个标注样式。
- 修改：修改所选样式的各种设置。
- 替代：对个别不常用的样式不必另外新建一个样式，可以用临时替代当前样式的方法解决。
- 比较：几个不同样式之间的区别。

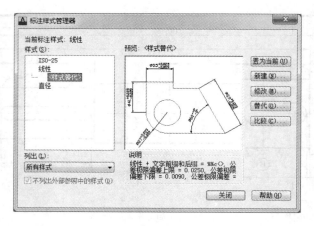

图 3-18　标注样式管理器

（1）设置线

在修改标注样式对话框的"线"选项卡中，对尺寸线和尺寸界线的设置如图 3-19 所示。

图 3-19　设置线

"尺寸线"选项下面包括尺寸线的"颜色"、"线型"、"线宽"、"超出标记"、"基线间距"、"隐藏" 6 个选项。

基线间距是指在进行"基线标注"时，尺寸线之间的间距。

隐藏是指对尺寸线 1 或者尺寸线 2 的隐藏选项。图 3-20b、c 是分别隐藏尺寸线 1、尺寸线 2 的情况。

"尺寸界线"选项下面有"颜色"、"尺寸界线 1 的线型"、"尺寸界线 2 的线型"、"线宽"、"隐藏"、"超出尺寸线"、"起点偏移量"、"固定长度的尺寸界线" 8 个选项。

超出尺寸线是指尺寸界线超出尺寸线的距离，起点偏移量是指尺寸界线的起点和要标注的对象之间的距离，如图 3-21 所示。

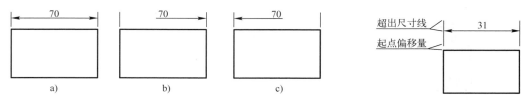

图 3-20　尺寸线的隐藏

图 3-21　超出尺寸/起点偏移

（2）设置符号和箭头

在"符号和箭头"选项卡中，箭头、圆心标记、折断标注、弧长符号、半径折弯标注、线性折弯标注的设置如图 3-22 所示。

图 3-22　符号和箭头

箭头选项组下面有箭头大小和箭头形式的设置，其中箭头的可选形式在箭头下拉列表框下，如图 3-23 所示。

折断标注选项组下面有折断大小选项，折断大小是指对尺寸线有部分打断。折断标注如图 3-24 所示，使用顺序是先选择"折断"标注工具图标，然后依次选择尺寸标注和引线标注。

（3）设置文字

在标注样式中，"文字"选项卡如图 3-25 所示，其中有"文字外观"、"文字位置"、"文字对齐" 3 个选项组。

文字外观是设置文字显示的状态，其中文字高度是设置文字大小的。

文字位置是设置文字在尺寸线的水平方向和垂直方向的位置。垂直方向上的位置有"置中"、"上方"、"外部"、"JIS" 4 种方式，如图 3-26 所示。水平方向上的位置有"居中"、"第一条尺寸界线"、"第二条尺寸界线"、"第一条尺寸界线上方"、"第二条尺寸界线上方" 5 种方式，如图 3-27 所示。

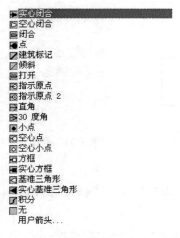

图 3-23　箭头形式

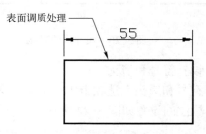

图 3-24　折断标注

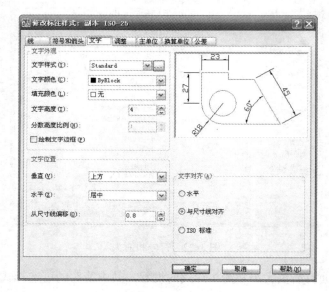

图 3-25　设置文字

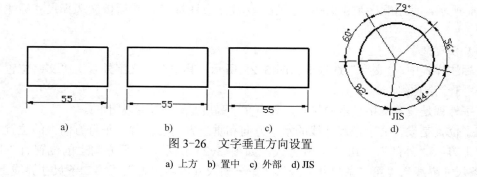

图 3-26　文字垂直方向设置

a) 上方　b) 置中　c) 外部　d) JIS

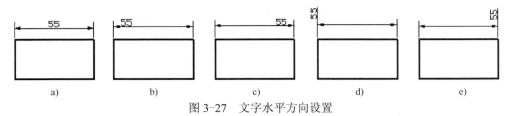

图 3-27　文字水平方向设置

a) 居中　b) 第一条尺寸界线　c) 第二条尺寸界线　d) 第一条尺寸界线上方　e) 第二条尺寸界线上方

从尺寸线偏移是指文字偏移尺寸线的距离，如图 3-28 所示。

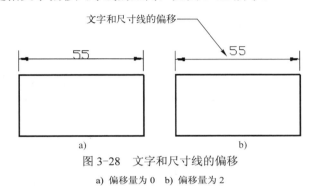

图 3-28　文字和尺寸线的偏移

a) 偏移量为 0　b) 偏移量为 2

文字对齐有"水平对齐"、"与尺寸线对齐"、"ISO 标准" 3 种方式。文字对齐如图 3-29 所示。

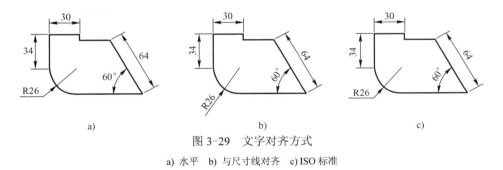

图 3-29　文字对齐方式

a) 水平　b) 与尺寸线对齐　c) ISO 标准

（4）设置调整

在标注样式中，"调整"选项卡如图 3-30 所示，其中有"调整选项"、"文字位置"、"标注特征比例"、"优化" 4 个选项组。

调整选项卡里面主要是设置标注细节，尺寸界线之间空间不够时，调整文字、箭头和尺寸线之间的移出和显示关系。

文字位置是指文字不在默认位置时，对文字的放置方式。共有"尺寸线旁"、"尺寸线上方，带引线"、"尺寸线上方，不带引线" 3 种方式，如图 3-31 所示。

（5）设置主单位

在标注样式中，主单位格式设置如图 3-32 所示，其中有"线性标注"和"角度标注"两个选项组。

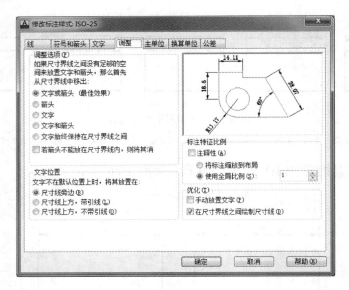

图 3-30　调整

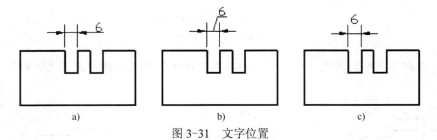

图 3-31　文字位置

a) 尺寸线旁　b) 尺寸线上方，加引线　c) 尺寸线上方，不加引线

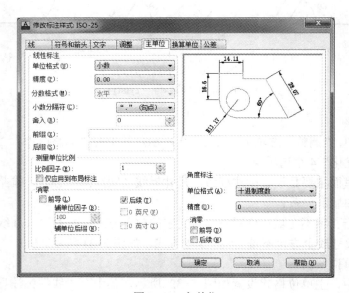

图 3-32　主单位

线性标注中，可以设置"单位格式"、"精度"、"舍入"、"前缀"、"后缀"、"比例因子"、"消零"等选项。

小数分隔符有"句点"、"逗点"、"空格"3种方式，表示小数点的显示方式。

在前缀和后缀的文本框中输入文本后，尺寸标注的尺寸数值会加上相应的前缀和后缀，如图 3-33 所示。

比例因子的文本框中默认的比例为 1，在比例因子的文本框中输入新的比例因子后，标注尺寸的数值是真实值和比例因子的乘积，如图 3-34 所示。

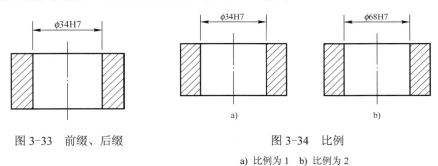

图 3-33 前缀、后缀

图 3-34 比例
a) 比例为 1 b) 比例为 2

角度标注中，角度单位格式有"十进制数"和"度 / 分 / 秒"两种形式，如图 3-35 所示。

可以在标注和尺寸公差中舍入数值。可以对除角度标注外的所有标注值进行舍入处理。例如，指定舍入值为 0.25，则所有的距离都舍入到最接近 0.25 单位的值。小数点后显示的数字位数取决于主单位和换算单位以及尺寸公差值的精度设置。

（6）设置换算单位

在标注样式中，可以换算不同制式的单位，通常是公制和英制单位之间的等效标注。在标注文字中，换算单位显示在主单位右边或者下方的方括号"[ ]"内，如图 3-36 所示。不能将换算单位应用到角度标注。

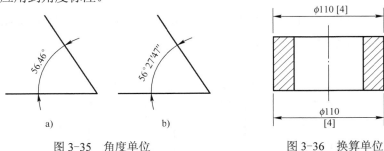

图 3-35 角度单位

图 3-36 换算单位

a) 角度的十进制表示 b) 角度的度/分/秒表示

（7）设置公差

在标注样式中，公差格式设置如图 3-37 所示，其中重要的是"公差格式"选项组，下面对其包含的选项作一简单介绍。

● 方式：有"无"、"对称"、"极限尺寸"、"极限偏差"、"基本尺寸"5 个选项，不同的方式如图 3-38 所示；

图 3-37 公差

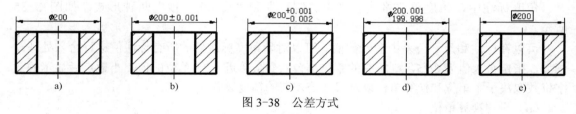

图 3-38 公差方式

a) 无公差 b) 对称公差 c) 极限偏差 d) 极限尺寸 e) 基本尺寸

● 精度：尺寸公差精确到小数点后多少位；
● 上偏差、下偏差：设定上下偏差的数值；
● 高度比例：是指公差尺寸和基本尺寸的高度比例，不同的高度比例如图 3-39 所示；
● 垂直位置：公差的垂直位置有上、中、下三种方式。

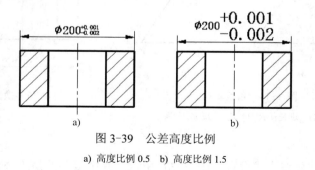

图 3-39 公差高度比例

a) 高度比例 0.5 b) 高度比例 1.5

2. 形位公差

形位公差是指零件的形状和位置方面的公差，包含平面度、圆度、圆柱度、垂直度、平行度、端面跳动等。

启动"形位公差"命令的方法如下：
- 选择"标注"菜单下的"公差"子菜单。
- 选择"注释"面板，"标注"工具栏，"公差"图标。
- 在命令行中输入"tolerance"命令。

启动"形位公差"命令后，调出如图 3-40 所示的"形位公差"对话框。点击"符号"选项，调出如图 3-41 所示的"特征符号"对话框，该对话框中显示了所有的形位公差符号。

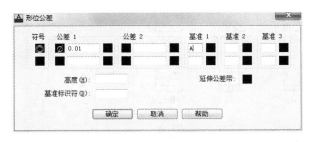

图 3-40　形位公差

图 3-41　特征符号

选取公差符号，填写公差数值与基准后点击确定按钮即可完成公差标注。图 3-42 中标注了垂直度公差和平行度公差。

3. 图案填充

在工程图纸中，经常要对图形中的某些区域填充线条、阴影或图案。在机械图纸中剖面线表示机械零件的材料、反映零件的内部结构、表明装配关系；在建筑图纸中剖面线表示土木、混凝土等材料与内部结构。

图案填充是将所选图案按一定比例和角度填充到所选择的封闭区域中。

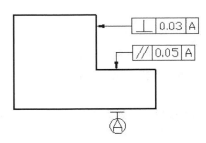

图 3-42　形位公差标注

启动"图案填充"命令的方法如下：
- 选择"绘图"菜单下的"图案填充"子菜单。
- 选择"常用"面板，"绘图"工具栏，"图案填充"图标。
- 在命令行中输入"bhatch"命令。

单击"图案填充"图标，可以对图案填充进行设置，如图 3-43 所示，对其中一些选项做如下简介。

图 3-43　图案填充

- 边界→拾取点　以拾取点的方式来指定填充区域边界。单击该按钮切换到绘图窗口，在需要填充的区域内指定一点，系统会自动计算出包含该点的封闭区域作为填充边界。

- 边界→选择　以选择边界对象的方式来指定填充区域。
- 图案　可以选择不同的填充图案，如图 3-44 所示。

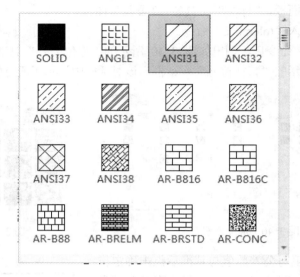

图 3-44　填充图形

- 特性→角度　控制填充图形的旋转角度。
- 特性→比例　控制填充图形的比例大小。

图案填充在"AutoCAD 经典"空间中的表达方式略有不同，读者可以转换到"AutoCAD 经典"空间中后单击"绘图"工具条的"图案填充"图标调出"图案填充和渐变色"对话框加以分析。

4．图块

在绘制或者标注图形时，如果有相同或者相似的内容，则可以利用创建图块和插入图块的方式来避免重复劳动、提高效率。同时，用户还可以根据需要添加块的属性。

（1）创建图块

在 AutoCAD 2013 中有图块（block）、外部块（wblock）两种图块，block 图块只能在当前图形文件中创建和插入，wblock 图块可以保存为独立的外部图块，并在另外一个 CAD 文件中调用。

启动"创建图块"（block）命令的方法如下：

- 选择菜单"绘图"→"块"→"创建"。
- 选择"常用"面板，"块"工具栏，"创建"图标。
- 在命令行中输入"block"命令。

启动"创建图块"命令，调出"块定义"对话框如图 3-45 所示。在对话框中有"名称"、"基点"、"对象"、"方式"、"设置"和"说明"等选项组。

- 名称：在下面的文本框中输入要创建的块的名称；
- 基点：定义所创建块的基点，可以输入 x、y、z 的坐标确定，也可以在屏幕上捕捉目标点确定。插入图块时以此基点为插入点；
- 对象：选择图形对象作为块的图形，下面的"保留"、"转换为块"、"删除"3 个选项为对当前定义的块的处理方式；

图 3-45　block 图块

● 方式："注释性"指定块为注释性，"使块方向与布局匹配"是指定在图纸空间视口中块参照的方向与布局的方向匹配（如果未选择"注释性"选项，则该选项不可用），"按统一比例缩放"指定块参照是否按统一比例缩放，"允许分解"指定块参照是否可以被分解。
● 设置：指定块参照插入单位或者将某个超链接与块定义相关联。
● 说明：包括简短的块说明，说明可以在设计中心进行查看。

启动"创建外部图块"（wblock）命令的方法，是在命令行输入"wblock"，按回车键，调出"写块"（外部块定义）对话框，如图 3-46 所示。在对话框中有"源"、"基点"、"对象"、"目标" 4 个选项组。

图 3-46　wblock 图块

● 源：是指图块的来源，可以来源于"块"、"整个图形"、"对象" 3 个选项。
● 基点：定义所创建块的基点，可以输入 x、y、z 的坐标确定，也可以在屏幕上捕捉目标点确定。插入图块时以此基点为插入点；

● 对象：选择图形对象作为块的图形，下面的"保留"、"转换为块"、"删除"3 个选项为对当前定义的块的处理方式。

● 目标：将图块保存的位置。

块库是存储在单个图形文件中的块定义的集合。用户可以使用 Autodesk 或其他厂商提供的块库或自定义块库。通过在同一图形文件中创建块，可以组织一组相关的块定义。这些块定义可以单独插入正在工作的任何图形。除了使用方法外，块库图形与其他图形文件没有区别。

（2）插入图块

插入图块时可以改变图块的比例和旋转角度。

启动"插入图块"命令的方法如下：

● 选择"常用"面板，"块"工具栏，"插入"图标。

● 在命令行中输入"insert"命令。

启动"插入图块"命令后，调出"插入图块"对话框如图 3-47 所示。在对话框中有"名称"、"插入点"、"比例"、"旋转"、"块单位"和"分解"6 个选项。

图 3-47　插入图块

● 名称：通过右边的下拉列表框可以选择当前文件中定义的图块，如果下拉列表框里面没有则可以选择"浏览"按钮用以选择"wblock"所定义的外部图块。

● 插入点：在图形中指定所插入图块的插入点，此插入点和前面创建图块时的基点重合。

● 比例：可以分别输入 x、y、z 3 个坐标方向上的插入比例（默认的比例为 1:1:1），也可以选择将 3 个坐标的比例统一，使 3 个方向上的缩放比例相同，还可以选择在屏幕上指定，并在命令行输入缩放比例。

● 旋转：可以输入旋转角度（默认的角度为 0）或者在屏幕上通过拖动线条旋转来确定旋转角度。

● 分解：此选项决定插入的对象是一个整体对象还是被分解为多个对象。

插入块时，块中对象的颜色、线型和线宽通常保留其原设置而忽略图形中的当前设置。但是，也可以创建继承当前颜色、线型和线宽设置的块。这些对象具有浮动特性。对于对象的颜色、线型和线宽特性的处理，有以下 3 种选择。

- 块中的对象不从当前设置中继承颜色、线型和线宽特性。不管当前设置如何，块中对象的特性都不会改变。对于此选择，要分别为块定义中的每个对象设置颜色、线型和线宽特性，而不要在创建这些对象时使用"随块"或"随层"作为颜色、线型和线宽的设置。
- 块中的对象继承所在图层的颜色、线型和线宽特性。插入图块的对象将与该对象所在图层的颜色、线型和线宽一致。对于此选择，在创建要包含在块定义中的对象之前，需将当前图层设置为 0，并将当前颜色、线型和线宽设置为"随层"。
- 对象继承已明确设置的当前颜色、线型和线宽特性，这些特性已设置成取代指定给当前图层的颜色、线型和线宽。如果未进行明确设置，则继承指定给当前图层的颜色、线型和线宽特性，即图块各对象的颜色、线型和线宽将与插入层的当前设置一致。对于此选择，在创建要包含在块定义中的对象之前，需将当前颜色或线型设置为"随块"。

（3）图块属性

图块属性是附属于图块的非图形信息，是图块的组成部分。图块属性中一般定义的是文字对象，通常用于在图块的插入过程中进行自动注释。"属性定义"对话框如图 3-48 所示。

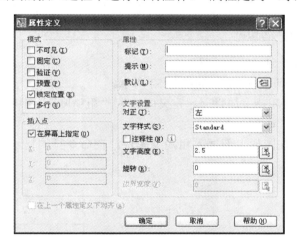

图 3-48　图块属性

启动"定义属性"命令的方法如下：
- 选择"绘图"菜单下的"块/定义属性"子菜单。
- 在命令行中输入"attdef"命令。

图块属性具有以下特点：
- 块属性由属性标记名和属性值两部分组成。
- 定义含有属性的块时要先定义该块的属性，然后再创建图形对象和标记属性名为块。
- 插入有属性的块时，系统将提示用户输入需要的属性值。
- 插入块后，用户可以改变属性的可见性并可以对属性作修改。

"属性定义"对话框中部分选项功能如下。
- 模式"不可见"复选框用于选择插入块后是否显示属性值；"固定"复选框用于设置

属性是否为固定值；"验证"复选框用于验证所输入的属性值是否正确；"预置"复选框用于是否将属性值直接预置成默认值；"锁定位置"复选框用于是否锁定插入块的坐标位置；"多行"复选框用于是否使用多段文字来标注块属性。

● 属性"标记"文本框用于输入属性的标记；"提示"文本框用于输入插入块时系统显示的提示信息；"默认"文本框用于输入属性的默认值。

● 插入点　用于设置属性值的插入点位置。

● 文字设置　用于设置属性文本的对正方式、样式、高度、旋转以及边界宽度。

【例 3-3】　创建并插入图 3-49 中的粗糙度符号及基准符号。

1）绘制图 3-50 的图形。

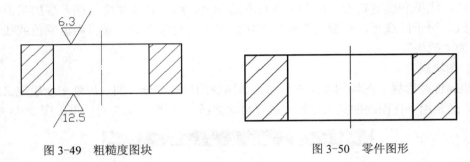

图 3-49　粗糙度图块　　　　　　　　　　图 3-50　零件图形

2）用直线绘制图 3-51 的粗糙度符号。

3）定义块属性，标记为 CCD，如图 3-52 所示。

4）将粗糙度图形及粗糙度属性一起定义图块 "粗糙度"，图块以粗糙度符号底点为基点，在编辑属性中输入 "ccd"。

5）插入图块 ，在图形上部插入粗糙度图块，在命令行的提示中输入属性值 6.3，如图 3-53 所示。

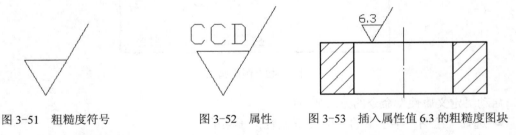

图 3-51　粗糙度符号　　　　　图 3-52　属性　　　　图 3-53　插入属性值 6.3 的粗糙度图块

6）再次插入图块 ，在图形下部插入粗糙度图块，选择旋转角度 180°，在命令行的提示中输入属性值 12.5，如图 3-54 所示。

7）选择菜单"修改→对象→属性→全局"后，命令行有如下提示和输入：

是否一次编辑一个属性？[是(Y)/否(N)] <Y>:
输入块名定义 <*>: 粗糙度
输入属性标记定义 <*>:
输入属性值定义 <*>:
选择属性: 找到 1 个

选择属性:
已选择 1 个属性.
输入选项[值(V)/位置(P)/高度(H)/角度(A)/样式(S)/图层(L)/颜色(C)/下一个(N)] <下一个>: A
指定新的旋转角度<180>: 0
输入选项[值(V)/位置(P)/高度(H)/角度(A)/样式(S)/图层(L)/颜色(C)/下一个(N)] <下一个>: P

8）在修改属性时，选择角度选项（A）指定新的角度 0°，选择位置选项（P）将属性值移动到新的位置，如图 3-55 所示。

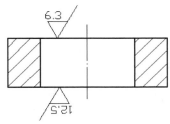

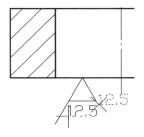

图 3-54　插入属性值 12.5 的粗糙度图块　　　　图 3-55　修改属性

3.2.3　项目实施

标注图 3-17 所示的轴形零件的步骤如下：

1）建立标注图层（设置图层名称、颜色、线型、线宽）。

2）设置剖面位置 D-D、E-E 及 A 向箭头，如图 3-56 所示。

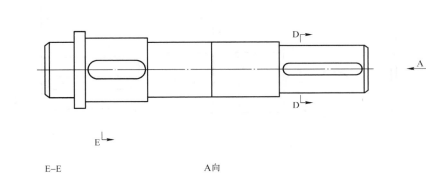

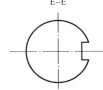

图 3-56　步骤 2

3）线性标注长度及直径方向上的基本尺寸。直径符号 φ 的标注，双击标注的尺寸数字然后再在前面输入"%%C"即可，或者在标注样式管理器中主单位选项下的前缀（X）输入框中输入"%%C"。标注后如图 3-57 所示。

73

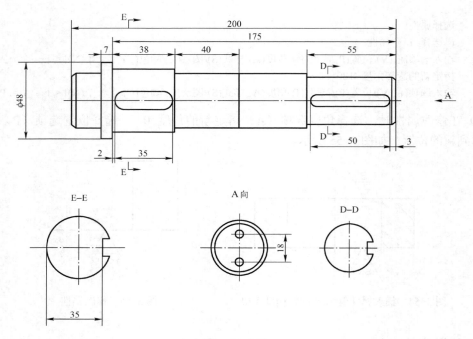

图 3-57　步骤 3

4）在标注样式管理器下的公差选项下设置"公差格式方式"、"精度"、"上偏差"、"下偏差"、"高度比例"、"垂直位置"选项及输入相应的公差值，进行尺寸公差标注，如图 3-58所示。

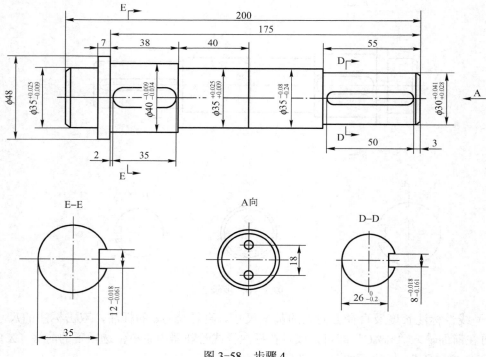

图 3-58　步骤 4

5）绘制基准位置符号和表面粗糙度符号，分别定义为图块，设置相应的图块属性。在相应位置插入基准图块和表面粗糙度图块，根据要求修改相应的基准图块属性和表面粗糙度图块属性（有的粗糙度需要添加相应的引线），如图3-59所示。

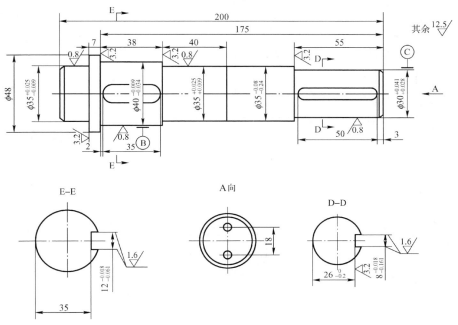

图 3-59　步骤 5

6）单击形位公差图标 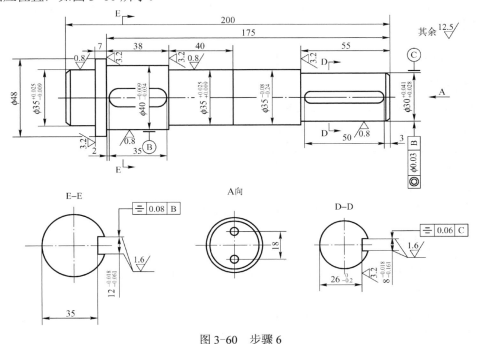，设置相应的公差符号、公差尺寸及公差基准。将形位公差插入到相应位置，如图3-60所示。

图 3-60　步骤 6

7）绘制直线表示倒角位置，输入倒角值。单击 图标，标注直径为 6 的圆，双击直径尺寸数值，修改为"2×M6T10"，如图 3-61 所示。

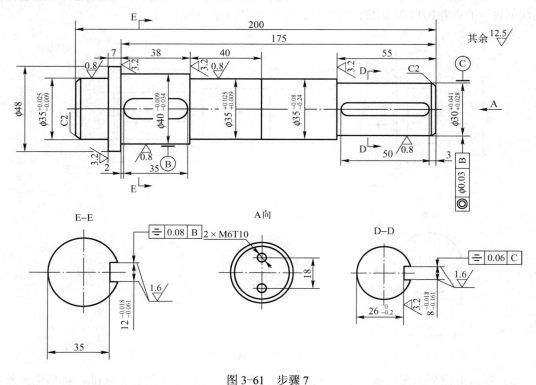

图 3-61　步骤 7

8）单击图案填充图标 ，选择 E-E 剖面和 D-D 剖面的相应区域进行图案填充，最后效果如图 3-17 所示。

3.2.4　项目拓展——弧长标注、坐标标注、折弯标注

1. 弧长标注

弧长标注可以标注圆弧的弧线长度。

启动"弧长标注"命令的方法如下：

● 选择"标注"菜单下的"弧长"子菜单。

● 选择"注释"面板，"标注"工具栏，"弧长"图标。

● 在命令行中输入"dimarc"命令。

启动"弧长标注"命令后，命令行显示如下信息：

命令:_dimarc
选择弧线段或多段线弧线段:
指定弧长标注位置或[多行文字(M)/文字(T)/角度(A)/部分(P)/引线(L)]:
标注文字 =

在标注弧长的时候，选择所要标注的弧线后拖动光标确定尺寸数值的位置。弧长标注时尺寸数值前有弧长的标记符号⌒。弧长标注如图 3-62 所示。

2．坐标标注

坐标标注可以标注点的坐标值。

启动"坐标标注"命令的方法：

● 选择"标注"菜单下的"坐标"子菜单。

● 选择"注释"面板，"标注"工具栏，"坐标"图标。

● 在命令行中输入"dimordinate"命令。

启动"坐标标注"命令后，命令行显示如下信息：

    命令: _dimordinate
    指定点坐标:
    创建了无关联的标注。
    指定引线端点或[X 基准(X)/Y 基准(Y)/多行文字(M)/文字(T)/角度(A)]:

坐标标注时，标注的坐标值是该坐标点的绝对坐标值。通常要用"用户坐标系"或"ucs"命令将坐标系的坐标原点移动到指定目标位置。图 3-63 是将坐标原点移动到矩形的左下角点后，矩形的两个顶点和三个圆心点的坐标值。

3．折弯标注

折弯标注可以标注直径比较大的圆或者圆弧。

启动"折弯标注"命令的方法如下：

● 选择"标注"菜单下的"折弯"子菜单。

● 选择"注释"面板，"标注"工具栏，"折弯"图标。

● 在命令行中输入"dimjogged"命令。

启动"折弯标注"命令后，命令行显示如下信息：

    命令: _dimjogged
    选择圆弧或圆:
    指定图示中心位置:
    标注文字 ＝21
    指定尺寸线位置或[多行文字(M)/文字(T)/角度(A)]:
    指定折弯位置:

启动折弯标注时，先选择圆或者圆弧，再指定折弯中心位置，最后指定尺寸数值位置，如图 3-64 所示。

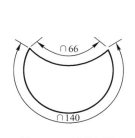

图 3-62　弧长标注

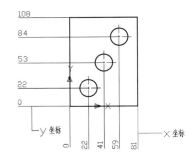

图 3-63　坐标标注

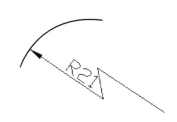

图 3-64　折弯标注

77

3.2.5 练习题

3-5 按图 3-65 标注尺寸。

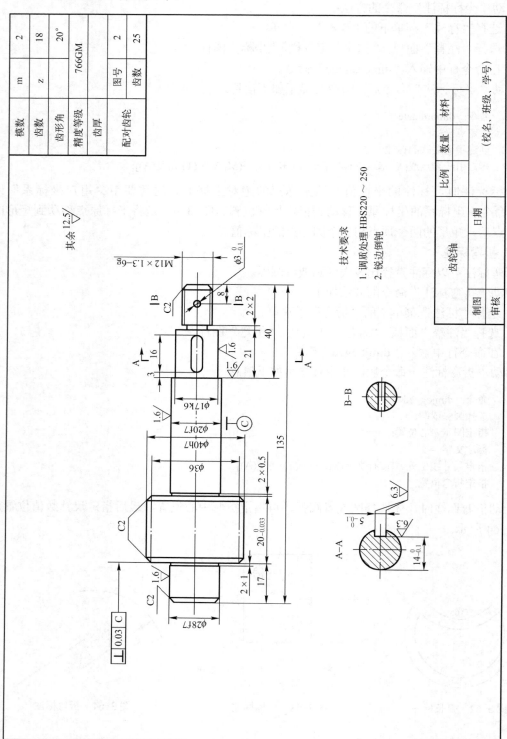

模数	m	2
齿数	z	18
齿形角		20°
精度等级	766GM	
齿厚		
配对齿轮	图号	2
	齿数	25

技术要求
1. 调质处理 HBS220~250
2. 锐边倒钝

图 3-65 习题 3-5 图形

78

3-6 按图 3-66 标注尺寸。

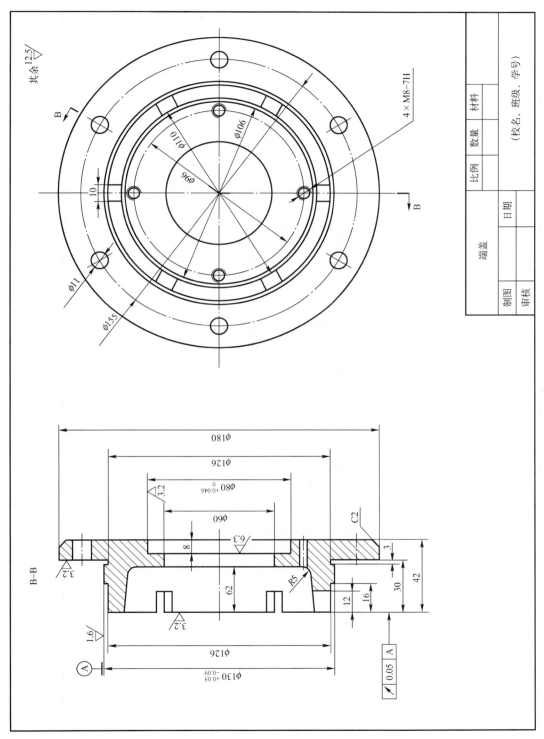

图 3-66 习题 3-6 图形

3-7 按图3-67标注尺寸。

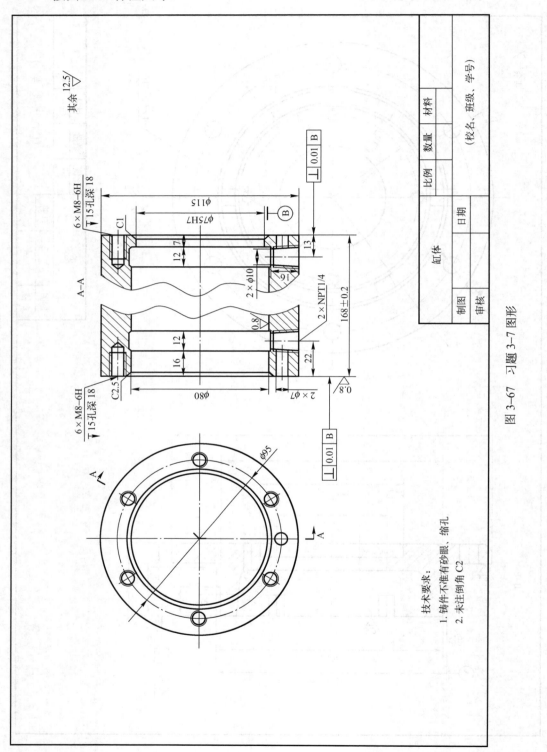

图 3-67 习题 3-7 图形

80

3-8 按图 3-68 标注尺寸。

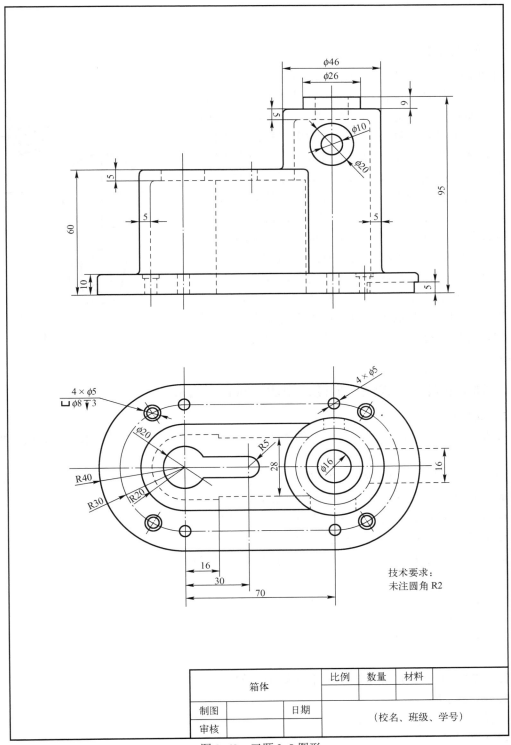

箱体		比例	数量	材料
制图		日期	(校名、班级、学号)	
审核				

技术要求:
未注圆角 R2

图 3-68 习题 3-8 图形

项目 **3.3** 尺寸约束

3.3.1 项目描述

用约束的方式绘制图 3-69 的零件图。

参数化设计是一项使用约束进行设计的技术，约束可以用来控制图形的尺寸、形状和位置。AutoCAD 2013 中有标注约束（尺寸约束）和几何约束，标注约束控制对象的距离、长度、角度和半径值等，几何约束控制对象相对于彼此的关系，如相切、同心、相等、重合等。本项目将用到线性约束、半径约束、直径约束、水平约束、竖直约束、相切约束、同心约束等知识点。

标注约束与标注的区别在于，标注约束能驱动图形对象的大小或角度，而标注是由图形对象驱动的。

默认情况下，标注约束并不是对象，仅以一种标注样式显示，在缩放操作过程中保持相同大小，且不能输出到设备。如果需要输出具有标注约束的图形或使用标注样式，可以将标注约束的形式从动态约束更改为注释性约束。

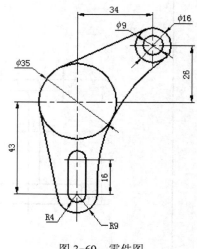

图 3-69 零件图

3.3.2 知识准备——线性、半径、相切、同心等约束

1．线性约束

线性尺寸约束是约束同一对象上的两点或不同对象上两个点之间的水平距离或者垂直距离。

启动"线性尺寸约束"命令的方法如下：

- 选择"参数"→"标注约束"→"水平 / 竖直"。
- 选择"参数化"面板，"标注"工具栏，"线性"图标。
- 在命令行中输入"DcLinear"命令。

启动"线性尺寸约束"命令后，命令行显示如下信息：

> 命令: _DcLinear
> 指定第一个约束点或[对象(O)] <对象>:
> 指定第二个约束点:
> 指定尺寸线位置:
> 标注文字=

图 3-70 是对一矩形加上线性尺寸约束后的效果。

2．半径约束

半径约束是约束圆或圆弧的半径。

启动"半径约束"命令的方法如下：

- 选择"参数"→"标注约束"→"半径"。
- 选择"参数化"面板,"标注"工具栏,"线性"图标。
- 在命令行中输入"DcRadius"命令。

启动"半径约束"命令后,命令行显示如下信息:

> 命令:_DcRadius
> 选择圆弧或圆:
> 标注文字 =
> 指定尺寸线位置:

图 3-71 是对圆弧和圆的半径约束效果。

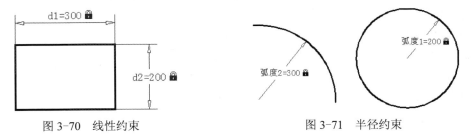

图 3-70　线性约束　　　　　　　　　　图 3-71　半径约束

3．直径约束

直径约束是约束圆或圆弧的直径。

启动"直径约束"命令的方法如下:

- 选择"参数"→"标注约束"→"直径"。
- 选择"参数化"面板,"标注"工具栏,"直径"图标。
- 在命令行中输入"DcDiameter"命令。

启动"直径约束"命令后,命令行显示如下信息:

> 命令:_DcDiameter
> 选择圆弧或圆:
> 标注文字 =
> 指定尺寸线位置:

4．水平约束

水平约束是约束对象处于水平位置或者使选择的两点处于水平位置。

启动"水平约束"命令的方法如下:

- 选择"参数"→"几何约束"→"水平"。
- 选择"参数化"面板,"几何"工具栏,"水平"图标。
- 在命令行中输入"GcHorizontal"命令。

启动"水平约束"命令后,命令行显示如下信息:

> 命令:_GcHorizontal
> 选择对象或[两点(2P)] <两点>:

5．竖直约束

竖直约束是约束对象处于竖直位置或者使选择的两点处于竖直位置。

启动"竖直约束"命令的方法如下：

● 选择"参数"→"几何约束"→"竖直"。
● 选择"参数化"面板，"几何"工具栏，"竖直"图标。
● 在命令行中输入"GcVertical"命令。

启动"竖直约束"命令后，命令行显示如下信息：

命令: _GcVertical
选择对象或 [两点(2P)] <两点>:

6. 相切约束

相切约束是使曲线与曲线或曲线与直线（包括其延长线）保持相切。

启动"相切约束"命令的方法如下：

● 选择"参数"→"几何约束"→"相切"。
● 选择"参数化"面板，"几何"工具栏，"相切"图标。
● 在命令行中输入"GcTangent"命令。

启动"相切约束"命令后，命令行显示如下信息：

命令: _GcTangent
选择第一个对象:
选择第二个对象:

图 3-72 是对直线和圆弧以及圆弧和圆弧的相切约束效果。

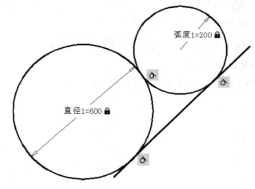

图 3-72　相切约束

7. 同心约束

同心约束是约束圆或圆弧的半径。

启动"同心约束"命令的方法如下：

● 选择"参数"→"几何约束"→"同心"。
● 选择"参数化"面板，"几何"工具栏，"同心"图标。
● 在命令行中输入"GcConcentric"命令。

启动"同心约束"命令后，命令行显示如下信息：

命令: _GcConcentric
选择第一个对象:
选择第二个对象:

8．相等约束

相等约束是将选定圆弧和圆的尺寸重新调整为半径相同，或将选定直线的尺寸重新调整为长度相同。

启动"相等约束"命令的方法如下：

● 选择"参数"→"几何约束"→"相等"。

● 选择"参数化"面板，"几何"工具栏，"相等"图标。

● 在命令行中输入"GcConcentric"命令。

启动"相等约束"命令后，命令行显示如下信息：

命令: _GcEqual
选择第一个对象或[多个(M)]:
选择第二个对象:

9．固定约束

固定约束是将点和曲线锁定在相对于世界坐标系的特定位置和方向上。

启动"固定约束"命令的方法：

● 选择"参数"→"几何约束"→"固定"。

● 选择"参数化"面板，"几何"工具栏，"固定"图标。

● 在命令行中输入"GcFix"命令。

启动"固定约束"命令后，命令行显示如下信息：

命令: _GcFix
选择点或[对象(O)] <对象>:

3.3.3　项目实施

1）设置点画线图层和轮廓线图层（设置图层名称、颜色、线型、线宽）。

2）在点画线图层绘制图 3-73 的点画线。

3）给点画线加上水平约束▨和竖直约束▥，如图 3-74 所示。

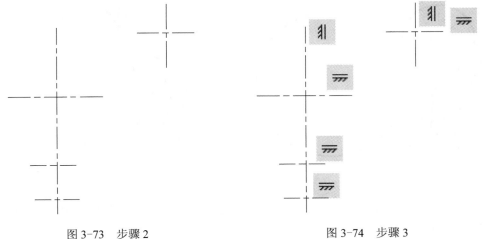

图 3-73　步骤 2　　　　　　　　　图 3-74　步骤 3

4）给点画线加上线性尺寸约束 🔲，如图 3-75 所示。

5）转换到轮廓线图层，绘制图 3-76 的圆和直线。

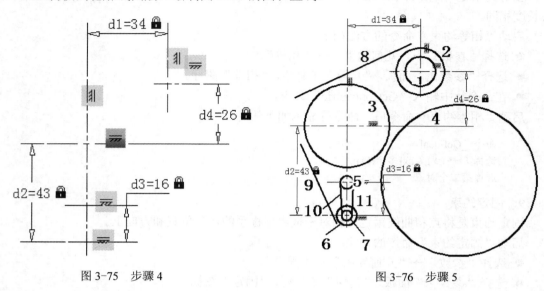

图 3-75　步骤 4　　　　　　　　　　　　图 3-76　步骤 5

6）对圆 2、3、5、6、7 添加固定约束 🔒对其定位，对圆 1、2、3、6、7 添加半径约束 🔒和直径约束 🔒，如图 3-77 所示。

7）对直线 8 和圆 2、3 添加相切约束 🔒，对直线 9 和圆 3、6 添加相切约束 🔒，对圆 2、4、3、6 添加相切约束 🔒，如图 3-78 所示。

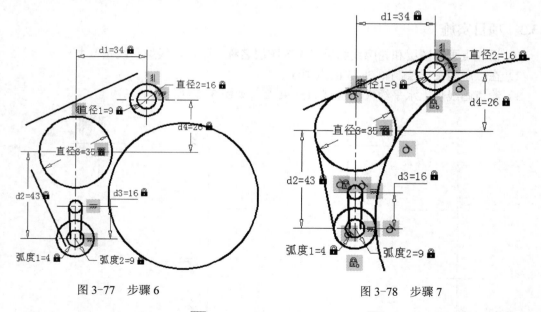

图 3-77　步骤 6　　　　　　　　　　　　图 3-78　步骤 7

8）对圆 1、2 添加同心约束 ◎，对圆 5、7 添加相等约束 ＝，对直线 10、11 和圆 5、7 添加相切约束 🔒，如图 3-79 所示。

9）选择修剪和延伸工具 ✂修剪 、 ✂延伸 工具对线条进行修剪和延伸，最终效果如图 3-80 所示。

86

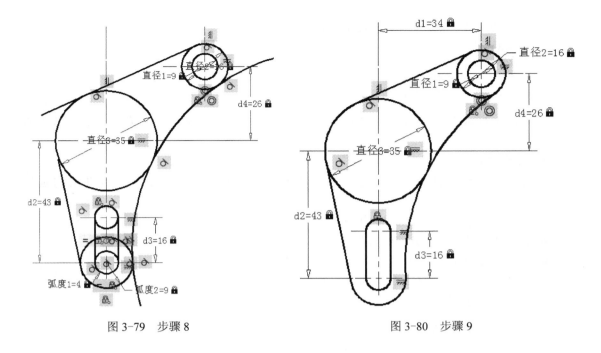

图 3-79　步骤 8　　　　　　　　　　图 3-80　步骤 9

3.3.4　项目拓展——角度、共线、平行、垂直等约束

1．角度约束

角度约束是约束直线或多段线之间的角度、由圆弧或多段线圆弧扫掠得到的角度或对象上三个点之间的角度。

启动"角度约束"命令的方法如下：

● 选择"参数"→"标注约束"→"角度"。

● 选择"参数化"面板，"标注"工具栏，"角度"图标。

● 在命令行中输入"DcAngular"命令。

启动"角度约束"命令后，命令行显示如下信息：

命令: _DcAngular
选择第一条直线或圆弧或[三点(3P)] <三点>:
选择第二条直线:
指定尺寸线位置:
标注文字 =

2．转换

转换是将关联标注转换为标注约束。

启动"转换"命令的方法如下：

● 选择"参数化"面板，"标注"工具栏，"转换"图标。

● 在命令行中输入"DcConvert"命令。

启动"转换"命令后，命令行显示如下信息：

命令: _DcConvert

选择要转换的关联标注:指定对角点: 找到 3 个

已过滤 1 个

选择要转换的关联标注:

转换了 2 个关联标注

无法转换 0 个关联标注

注意，用框选选对象时，包含的非尺寸标注对象将被过滤掉，并提示无法转换关联标注。

3．重合约束

重合约束是约束两个点使其重合，或者约束一个点使其位于曲线（或曲线的延长线）上。

启动"重合约束"命令的方法如下：

● 选择"参数"→"几何约束"→"重合"。

● 选择"参数化"面板，"几何"工具栏，"重合"图标。

● 在命令行中输入"GcCoincident"命令。

启动"重合约束"命令后，命令行显示如下信息：

命令: _GcCoincident
选择第一个点或[对象(O)/自动约束(A)] <对象>:
选择第二个点或[对象(O)] <对象>:

4．垂直约束

垂直约束是使选定的直线位于彼此垂直的位置。

启动"垂直约束"命令的方法如下：

● 选择"参数"→"几何约束"→"垂直"。

● 选择"参数化"面板，"几何"工具栏，"垂直"图标。

● 在命令行中输入"GcPerpendicular"命令。

启动"垂直约束"命令后，命令行显示如下信息：

命令: _GcPerpendicular
选择第一个对象:
选择第二个对象:

3.3.5 练习题

3-9 用约束的方法绘制图 3-81 的图形。

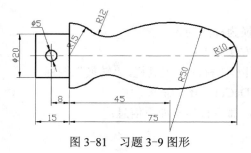

图 3-81 习题 3-9 图形

3-10　用约束的方法绘制图 3-82 的图形。

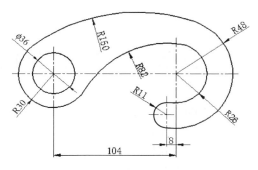

图 3-82　习题 3-10 图形

3-11　用约束的方法绘制图 3-83 的图形。

3-12　用约束的方法绘制图 3-84 的图形。

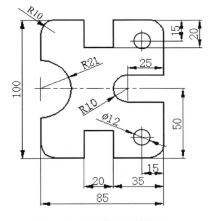

图 3-83　习题 3-11 图形

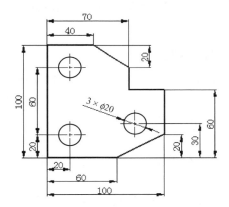

图 3-84　习题 3-12 图形

模块 4　典型零件平面图的绘制

任何机器都是由零件装配而成的，用以制造零件的图样称为零件图。零件图是由设计部门提供给生产部门的重要技术文件。它反映设计者的意图，表达机器对零件的要求，考虑其结构的合理性和制造的可行性，是制造和检验零件的依据。零件图的内容包括：表达零件结构的视图、确定零件形状的尺寸、保证零件质量的技术要求及标题栏。

本模块主要包括轴套类零件、轮盘类零件、叉架类零件、箱体类零件的绘制 4 部分。通过学习这些典型零件的绘制让学生熟悉和掌握典型机械零件的绘图思路和绘制方法。

项目 4.1　轴套类零件的绘制

4.1.1　项目描述

图 4-1 的轴是用来支承传动零件和传递动力的，为了装配齿轮、轴承、调整环和挡油圈等零件，该轴设计成阶梯状，其上还设计有键槽、退刀槽等结构。键槽的结构、尺寸和形位公差在剖面图中表达。

绘制图 4-1 时，先用点画线确定中心线位置，然后绘制轴的上半部分轮廓，再用镜像的方法镜像出轴的下半部分，最后绘制剖面部分。图形标注时要注意尺寸公差、形位公差及表面粗糙度的标注。

通过图 4-1 的绘制可以熟悉和掌握轴类机械零件的绘图思路和绘制方法。

4.1.2　项目实施

绘制图 4-1 轴类零件的步骤如下（在工作空间中选择"AutoCAD 经典"）。

1．设置图层

图层名称	颜色	线型	线宽
边框线	白色	Continuous	0.7
中心线	红色	Center	默认
轮廓线	白色	Continuous	0.35
尺寸线	蓝色	Continuous	默认
剖面线	绿色	Continuous	默认
细实线	青色	Continuous	默认

2．绘制边框及标题栏

选择边框线图层作为当前图层，用矩形工具绘制 A4 图纸 297×210 的边框线。将项目 2.1 绘制的标题栏定义为外部图块（wblock），在图纸的右下角插入此标题栏外部图块。

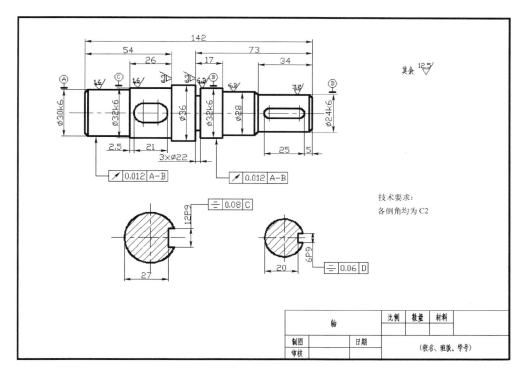

图 4-1　轴类零件

3．绘制中心线

选择中心线图层作为当前图层，绘制一条中心线。

4．初步绘制轮廓

1）选择轮廓线图层作为当前图层。

2）打开"极轴"、"对象捕捉"、"对象追踪" 极轴 对象捕捉 3DOSNAP 对象追踪 按钮，选择"最近点捕捉" 方式从中心线靠左端处一点开始绘制轮廓线，向上 15 个单位、向右 28 个单位、向上 1 个单位、向右 26 个单位、向上 2 个单位、向右 15 个单位、向下 7 个单位、向右 3 个单位、向上 5 个单位、向右 14 个单位、向下 2 个单位、向右 22 个单位、向下 2 个单位、向右 34 个单位、向下捕捉到中心线上的交点，如图 4-2 所示。

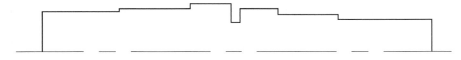

图 4-2　外部初步轮廓

3）用线条绘制各交点和中心线的垂线，如图 4-3 所示。（画完一个线条后按回车键结束直线命令，再一次按回车键将重复上一次的绘制直线命令）

5．绘制倒角

1）设置倒角距离为 2×2，对轴的两端及直径为 28 的轴的右端进行倒角 。

2）用线条绘制倒角后的端点和中心线的垂线，倒角后的效果如图 4-4 所示。

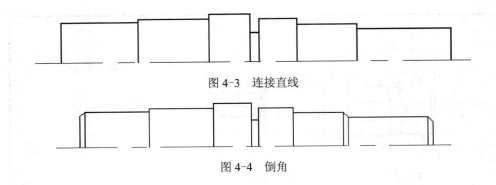

图 4-3　连接直线

图 4-4　倒角

6. 镜像

对轴的上半部分沿中心线向下镜像 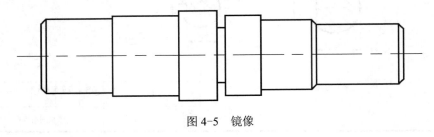，镜像后的效果如图 4-5 所示。

图 4-5　镜像

7. 绘制键槽

1）选择中心线作为当前层，在距离直径为 32 的轴的左端线向右 8.5 个单位的地方绘制中心线，然后将此中心线向右偏移 9 个单位。

2）选择轮廓线作为当前层。以两中心线的交点为圆心，绘制半径为 6 的两个圆，用直线将两个圆的象限点处连接起来。

3）修剪两中心线之间的圆弧部分，用同样方法绘制出右边键槽，如图 4-6 所示。

8. 绘制键槽剖面

1）选择中心线作为当前层。在对应的键槽剖面处绘制两中心线。

2）选择轮廓线作为当前层。绘制一个半径为 16 的圆。

3）从圆的左端象限点向右追踪 27 个单位，向上绘制 6 个单位长度的直线，再向右绘制一直线和圆弧相交。

4）将上面绘制的两条键槽直线向下镜像，并修剪掉圆弧。键槽效果如图 4-7 所示。

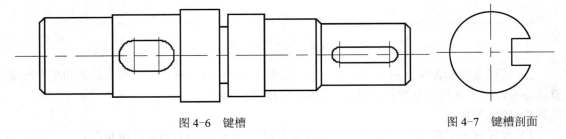

图 4-6　键槽　　　　　　　　　　　　　　　　图 4-7　键槽剖面

5）同样绘制另外一键槽的剖面。

9．标注尺寸及技术要求

1）设置"线性"标注样式，设置字高 3.5，文字和尺寸线对齐，主单位精确到个位，标注线性尺寸，如图 4-8 所示。

2）用尺寸修改工具 ，将键槽端距 3 改为 2.5，将越程槽尺寸 3 改为 3×ϕ22，将键槽尺寸 12 改为 12P9，将键槽尺寸 6 改为 6P9，如图 4-9 所示。

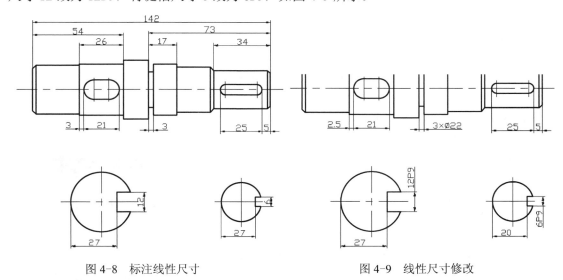

图 4-8　标注线性尺寸　　　　　　　　图 4-9　线性尺寸修改

3）设置"直径"标注样式，在主单位下设置尺寸前缀"%%C"，设置尺寸后缀"k6"。用标注长度的方法分别标注各段直径值，将 ϕ36k6 改为 ϕ36，将 ϕ28k6 改为 ϕ28，如图 4-10 所示。

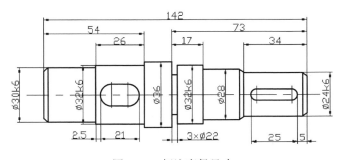

图 4-10　标注直径尺寸

4）创建一个带属性的粗糙度块，并插入相应的粗糙符号；创建一个带属性的基准块，并插入相应的基准符号；标注径向跳动、对称度形位公差，输入其余粗糙度和技术要求。

10．填充剖面线

填充剖面后的效果如图 4-1 所示。

4.1.3　项目拓展——多段线、柱塞套零件

1．绘制二维多段线

二维多段线是作为单个平面对象创建的相互连接的直线段、圆弧段或两者的组合线段。

启动"二维多段线"命令的方法如下：

● 选择"绘图"菜单下的"多段线"子菜单。

● 选择"常用"面板，"绘图"工具栏，"多段线"图标。

● 在命令行中输入"pline"命令。

启动"二维多段线"命令后，命令行显示如下信息：

命令: _pline
指定起点:
当前线宽为 0.0000
指定下一个点或[圆弧(A)/半宽(H)/长度(L)/放弃(U)/宽度(W)]:
指定下一点或[圆弧(A)/闭合(C)/半宽(H)/长度(L)/放弃(U)/宽度(W)]:

【例 4-1】 绘制如图 4-11 所示箭头图形。

1）在命令行输入 pline；

2）指定起点:（在绘图区任选一点）；

3）当前线宽为 0.0000；

4）指定下一个点或[圆弧(A)/半宽(H)/长度(L)/放弃(U)/宽度(W)]: w（选择宽度项）；

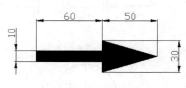

图 4-11 箭头图形

5）指定起点宽度<0.0000>: 10（设置起点宽度）；

6）指定端点宽度<10.0000>:（端点宽度与起点一样）；

7）指定下一个点或[圆弧(A)/半宽(H)/长度(L)/放弃(U)/宽度(W)]: 60（设置多段线长度）；

8）指定下一点或[圆弧(A)/闭合(C)/半宽(H)/长度(L)/放弃(U)/宽度(W)]: w（选择宽度项）；

9）指定起点宽度<10.0000>: 30（设置起点宽度）；

10）指定端点宽度<30.0000>: 0（设置端点宽度）；

11）指定下一点或[圆弧(A)/闭合(C)/半宽(H)/长度(L)/放弃(U)/宽度(W)]: 50（设置多段线长度）。

【例 4-2】 绘制如图 4-12 所示圆弧图形。已知 AD 长 80，A、D 两点处圆弧宽度为 0，B、C 两点处圆弧宽度为 5。

1）绘制直线 AD，将直线 AD 等分为 4 份（点的定数等分）；

2）绘制多段线 ABD，输入 pline 命令，捕捉端点 A；

3）选择宽度（W）选项，设置起点宽度为 0，端点宽度为 5；

4）选择圆弧（A）选项；

5）选择角度（A）选项，输入 180；

6）捕捉端点 B；

7）选择宽度（W）选项，设置起点宽度为 5，端点宽度为 0；

8）选择圆弧（A）选项；

9）选择角度（A）选项，输入 180；

10）捕捉端点 D；

11）同样方法绘制多段线 DCA。

在 AutoCAD 中，不仅可以绘制多段线，还可以编辑多段线以及将非多段线转换为多段线。

选择菜单"修改"→"对象"→"多段线"，或者直接在命令行里输入 pedit 命令都可以编辑多段线。编辑多段线有"闭合(C)/合并(J)/宽度(W)/编辑顶点(E)/拟合(F)/样条曲线(S)/非曲线化(D)/线型生成(L)"等选项。

【例4-3】 绘制图 4-13 的图形,已知图形中对应的五边形外接圆半径为20,图形线宽为2。

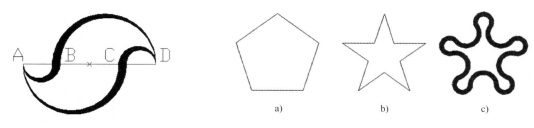

图 4-12　圆弧图形　　　　　　　　　图 4-13　多段线编辑

1)绘制正五边形,对应的外接圆半径为 20,如图 4-13a 所示;

2)绘制如图 4-13b 所示的五角星,输入 pedit 命令,选择五角星的任一边;

3)提示"选定的对象不是多段线,是否将其转换为多段线? <Y>",回车接受默认选项将其转换为多段线;

4)选择宽度(W)选项,设置宽度为2;

5)选择合并(J)选项,将五角星的所有边合并为一个整体;

6)选择拟合(F)选项,将五角星的边用双圆弧曲线拟合成图 4-13c 所示形状。

2. 绘制图 4-14 所示的柱塞套零件(在工作空间中选择"AutoCAD 经典"):

(1)设置图层

图层名称	颜色	线型	线宽
边框线	白色	Continuous	0.7
中心线	红色	Center	默认
轮廓线	白色	Continuous	0.35
尺寸线	蓝色	Continuous	默认
剖面线	绿色	Continuous	默认
细实线	青色	Continuous	默认

(2)绘制边框及标题栏

选择边框线图层作为当前图层,用矩形工具绘制 A4 图纸 297×210 的边框线。将项目 2.1 绘制的标题栏定义为外部图块(wblock),在图纸的右下角插入此标题栏外部图块。

(3)绘制中心线

选择中心线图层作为当前图层,绘制主视图和左视图的中心线,如图 4-15 所示。

(4)初步绘制轮廓

1)选择轮廓线图层作为当前图层。

2)打开"极轴"、"对象捕捉"、"对象追踪"按钮,选择"最近点捕捉"方式。

3)从中心线靠左端处一点开始绘制轮廓线,向上 9 个单位、向右 13 个单位、向下 2.25 个单位、输入相对坐标"@2.5,0.25"绘制斜线、向右 24.5 个单位、向下捕捉到中心线上的交点。在左端面从中心线向上追踪 4 个单位的地方开始向右绘制一长度为 40 的直线,如图 4-16 所示。

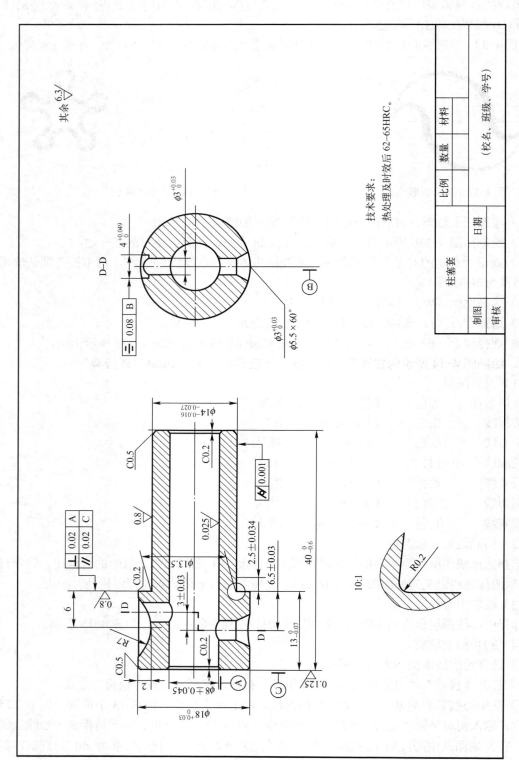

技术要求：
热处理及时效后 62~65HRC。

		比例	材料
		数量	
柱塞套			（校名、班级、学号）
	日期		
制图			
审核			

图 4-14 柱塞套零件

其余 6.3

96

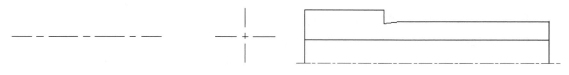

图 4-15　中心线　　　　　　　　　　图 4-16　轮廓

4）分别对内、外角进行 C0.5 和 C0.2 的倒角，并补上相应的倒角直线。

5）对局部放大视图中 R2 位置倒圆角。

6）将上半部分的轮廓向下镜像，如图 4-17 所示。

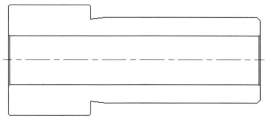

图 4-17　倒角、镜像

（5）绘制主视图结构

1）从主视图左端面向右 6.5 个单位处绘制中心线 1，向右 7 个单位处绘制中心线 2，向右 9.5 个单位处绘制中心线 3。

2）从交点 A 点处向上追踪 5 个单位绘制 ϕ14 的圆。

3）将中心线 3 向左右分别偏移 1.5 个单位、将偏移后的两中心线改为轮廓线图层。

4）将中心线 1 向左分别偏移 1.5，2.75 个单位、将偏移后的两中心线改为轮廓线图层。从交点 B 处绘制 60° 的直线，从交点 C 处绘制垂线 CD。将前面的线条向右镜像。如图 4-18 所示。

5）修剪多余的线条，如图 4-19 所示。

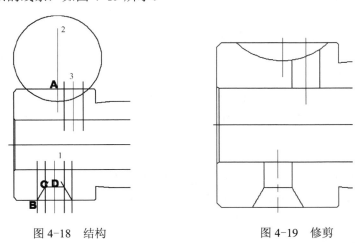

图 4-18　结构　　　　　　　　　　图 4-19　修剪

（6）绘制左视图

1）以左视图中心线交点为圆心绘制 ϕ8 和 ϕ18 的圆。

2）将主视图中的圆孔图形复制到左视图中。

3）从主视图 E、F 点处向右引两条水平线。

4）从左视图 G、H 点处向左引两条水平线，与主视图中心线交点分别为 N、Q。

5）从 I 点处向左追踪 2 两个单位开始向上绘制和圆相交的直线，并将此直线向右镜像。

6）延伸直线 1、2、3、4。

7）过 J、K、L 三点绘制一圆弧。

8）过 M、N、O 三点绘制一圆弧。

9）过 P、Q、R 三点绘制一圆弧，如图 4-20。

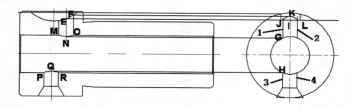

图 4-20　左视图

10）修剪多余的线条，如图 4-21。

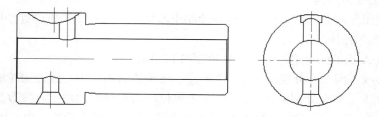

图 4-21　修剪多余线条

（7）绘制 10:1 的局部放大视图。

（8）标注尺寸及技术要求

1）设置"线性"标注样式，设置字高 1，箭头大小 1，文字和尺寸线对齐，主单位精确到个位，标注线性尺寸，对于主单位精确到小数点后一位以及尺寸公差不同的情况用标注样式下的"替代"方式。

2）设置"直径"标注样式，在主单位下设置尺寸前置"%%C"。用标注长度的方法分别标注各段直径值，对于主单位精确到小数点后一位以及尺寸公差不同的情况用标注样式下的"替代"方式。

3）标注各倒角。

4）标注对应的垂直度、平行度、对称度、圆柱度形位公差。

5）创建一个带属性的粗糙度块，并插入相应的粗糙度值。

6）标注 A、B、C、D 各基准符号。

7）标注 D—D 剖面位置符号。

8）标注其余粗糙度符号，标注技术要求。

9）用细实线图层绘制剖面边界，用剖面线图层填充剖面线。

4.1.4 练习题

4-1 绘制如图 4-22 所示的图形。

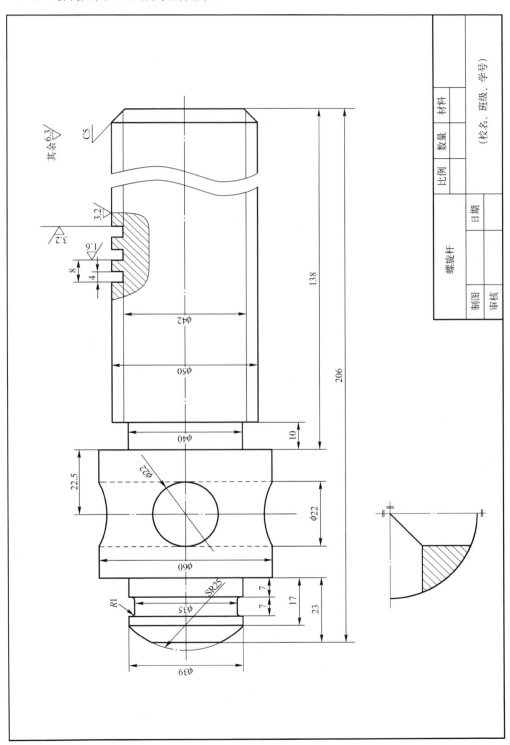

图 4-22 习题 4-1 图形

4-2　绘制如图 4-23 所示的图形。

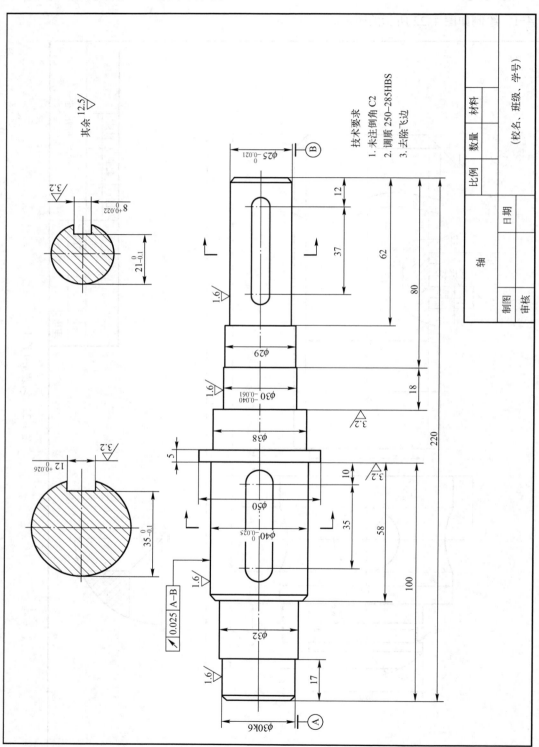

图 4-23　习题 4-2 图形

4-3 绘制如图 4-24 所示的图形。

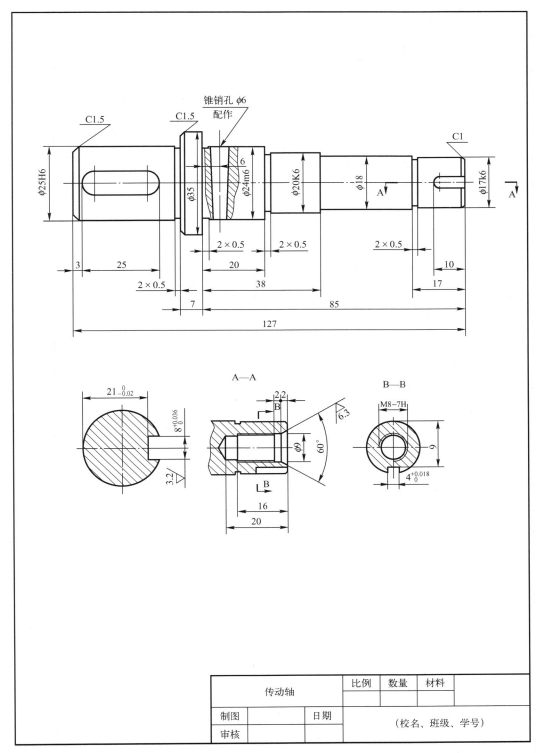

图 4-24 习题 4-3 图形

传动轴	比例	数量	材料	
制图		日期		（校名、班级、学号）
审核				

4-4 绘制如图 4-25 所示的图形。

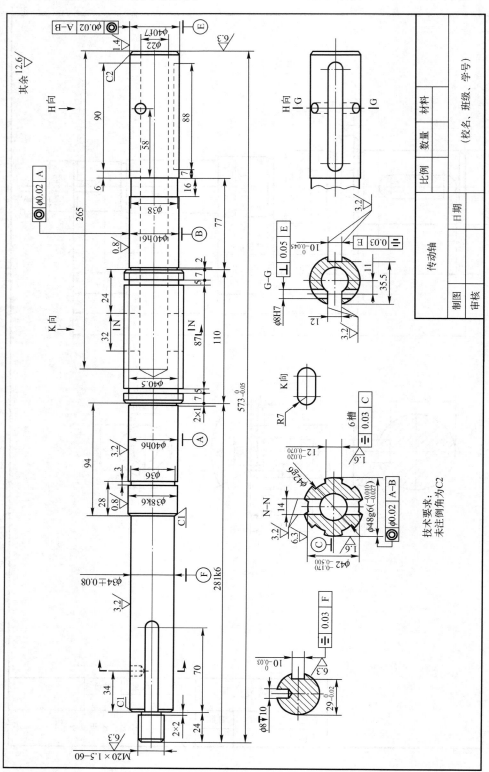

图 4-25 习题 4-4 图形

102

项目 **4.2** 轮盘类零件的绘制

4.2.1 项目描述

轮盘类零件包括手轮、皮带轮、端盖、盘座等。轮一般用来传递动力和扭矩、盘主要起支承、轴向定位及密封作用。

图 4-26 阀盖零件是端盖类零件的一种，它是一种轴对称图形，为了显示阀盖的内部结构，主视图用全剖表达，左视图可以用阵列的方法绘制 4 个角上相同部分结构。

绘制图 4-26 时，先用点画线确定中心线位置，然后绘制左视图（注意阵列的应用），再绘制主视图（上下镜像）。绘图时要注意主视图和左视图的位置对应关系。

通过图 4-26 的绘制可熟悉和掌握端盖类机械零件的绘图思路和绘制方法。

4.2.2 项目实施

绘制图 4-26 阀盖零件的步骤如下（在工作空间中选择"AutoCAD 经典"）：

1．设置图层

图层名称	颜色	线型	线宽
边框线	白色	Continuous	0.7
中心线	红色	Center	默认
轮廓线	白色	Continuous	0.35
尺寸线	蓝色	Continuous	默认
剖面线	绿色	Continuous	默认
细实线	青色	Continuous	默认

2．绘制边框及标题栏

选择边框线图层作为当前图层，用矩形工具绘制 A4 图纸 297×210 的边框线。将项目 2.1 绘制的标题栏定义为外部图块（wblock），在图纸的右下角插入此标题栏外部图块。

3．绘制中心线

选择中心线图层作为当前图层，绘制主视图和左视图的中心线，如图 4-27 所示。

4．绘制左视图轮廓

1）选择轮廓线图层作为当前图层，分别绘制ϕ40、ϕ44.845、ϕ65、ϕ94 的圆（G1.5 管螺纹的大径为 47.803，小径为 44.845）。

2）选择细实线图层作为当前图层，绘制ϕ47.803 的圆，用打断工具切掉 1/4 个圆。

3）选择轮廓线图层作为当前图层，绘制正 6 边形，正 6 边形的中心在圆心、选择外切于圆的方式、半径选择ϕ65 的圆的象限点。

4）将两中心线分别向左、向上偏移 35 个单位并调整其长度。

5）选择轮廓线图层作为当前图层，以偏移后的两中心线交点为圆心分别绘制ϕ8.376（M10 螺纹小径）、R12 的圆。选择细实线图层作为当前图层，绘制ϕ10 的同心圆，用打断工具切掉 1/4 个圆。

6）将前面两步绘制的中心线和圆进行阵列，2 行 2 列，行间距和列间距都为 70。

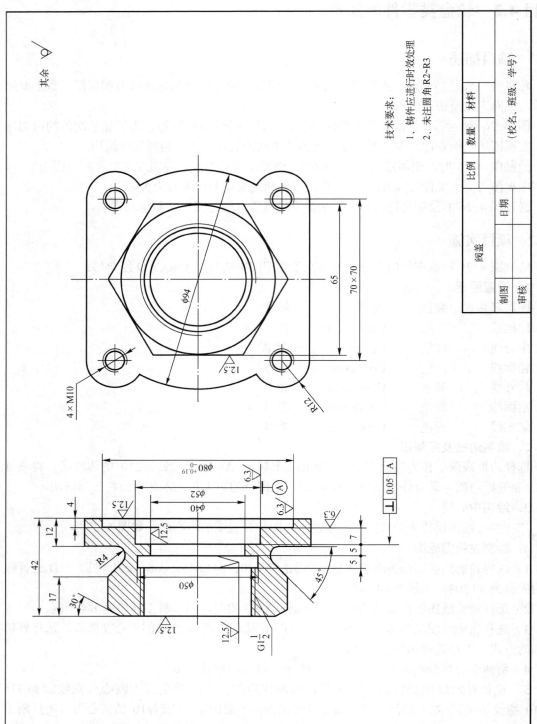

技术要求：
1. 铸件应进行时效处理
2. 未注圆角 R2~R3

其余 ▽

4×M10

φ94

65

70×70

12.5

R12

φ80⁺⁰·¹⁹₋₀ → $\phi 80^{+0.19}_{-0}$

φ52

φ40

12

4

12.5

12.5

6.3

6.3

6.3

42

17

R4

30°

φ50

12.5

G1/2

45°

7

5 5

⊥ 0.05 A

Ⓐ

阀盖

比例		数量		材料	
制图		日期			
审核					
（校名、班级、学号）					

图4-26 阀盖

104

7）用直线将 $\phi12$ 的圆在象限点处连接起来。

8）将多余的线条修剪掉，效果如图 4-28 所示。

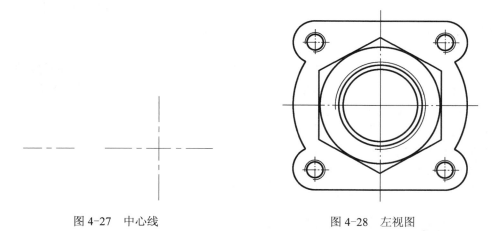

图 4-27　中心线　　　　　　　　　　　　图 4-28　左视图

5. 绘制主视图轮廓

1）选择轮廓线图层作为当前图层，用最近点捕捉的方式捕捉中心线上的一点（记为 A 点）开始绘制直线，向上 47 个单位、向左 12 个单位、向下 30 个单位。

2）从 A 点向左追踪 42 个单位到 B 点开始绘制直线，向上追踪到左视图正六边形顶点对齐的位置为 C 点，向右 17 个单位，再用极坐标"@20<-45"绘制斜线。

3）绘制 R4 的圆角，如图 4-29 所示。

4）从 A 点向上追踪 40 个单位到 D 点开始绘制直线，向左 4 个单位、向下 14 个单位、向左 7 个单位、向下 6 个单位、向左 5 个单位、向上 5 个单位、向左 5 个单位、向下追踪到左视图中 $\phi44.845$ 圆的象限点对应的 E 点、向左追踪到左端面的垂足点。

5）选择细实线图层作为当前图层，追踪左视图中 G1.5 管螺纹的外径对应圆的象限点，在主视图上绘制 F 点处的螺纹线。

6）选择轮廓线图层作为当前图层，从内孔各角点处绘制垂直于中心线的连线，效果如图 4-30 所示。

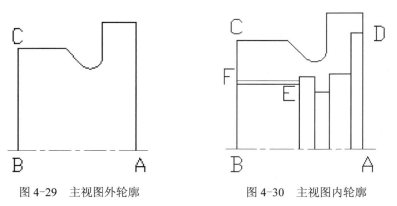

图 4-29　主视图外轮廓　　　　　　　　　图 4-30　主视图内轮廓

7）在 C 点处作 30°的倒角，倒角左边端点和 $\phi65$ 的圆的象限点对齐。将主视图沿中心

105

线做镜像。

6．标注尺寸及技术要求

1）设置"线性"标注样式，设置字高 3.5，箭头大小 2.5，文字和尺寸线对齐，主单位精确到个位，标注各线性尺寸，对于 70×70 以及 4×M10 的标注用"编辑标注"下的"新建标注"方式。

2）设置"直径"标注样式，在主单位下设置尺寸前缀"%%C"。用标注长度的方法分别标注各段直径值，对于有尺寸公差的尺寸用标注样式下的"替代"方式进行标注。

3）创建一个带属性的粗糙度块，并标注各粗糙度值。

4）创建基准 A 标注垂直度形位公差。

5）标注其余粗糙度符号及技术要求。

7．绘制剖面线

用细实线图层绘制剖面边界，用剖面线图层填充剖面线。

4.2.3 项目拓展——圆环、螺旋线、多线

1．绘制圆环

圆环是填充环或实体填充圆，即带有宽度的闭合多段线。要创建圆环，须指定它的内外直径和圆心。通过指定不同的中心点，可以继续创建具有相同直径的多个副本。要创建实体填充圆，须将内径值指定为 0。

启动"圆环"命令的方法如下：

● 选择"绘图"菜单下的"圆环"子菜单。

● 选择"常用"面板，"绘图"工具栏，"圆环"图标。

● 在命令行中输入"donut"命令。

【例 4-4】 绘制如图 4-31 所示内径为 10，外径为 20 的圆环。

1）命令行输入 donut。

2）指定圆环的内径为 10。

3）指定圆环的外径为 20。

4）指定圆环的中心点。

图 4-31 圆环

2．绘制螺旋线

螺旋线可以用来创建弹簧的路径。

启动"螺旋线"命令的方法如下：

● 选择"绘图"菜单下的"螺旋"子菜单。

● 选择"常用"面板，"绘图"工具栏，"螺旋"图标。

● 在命令行中输入"Helix"命令。

启动"螺旋线"命令后，命令行显示如下信息：

> 命令: _Helix
> 圈数=3.0000　　　扭曲=CCW
> 指定底面的中心点:
> 指定底面半径或[直径(D)] <1.0000>:
> 指定顶面半径或[直径(D)] <10.0000>:

指定螺旋高度或[轴端点(A)/圈数(T)/圈高(H)/扭曲(W)] <1.0000>:

创建螺旋线时，可以指定以下特性：底面半径、顶面半径、高度、圈数、圈高、扭曲方向。图 4-32 是底面半径为 10，顶面半径分别为 10、4，高度为 18，圈数为 3、圈高为 6、扭曲方向右旋的两个螺旋线。

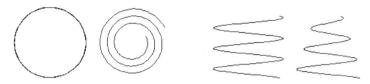

图 4-32　螺旋线

如果指定一个值来同时作为底面半径和顶面半径，将创建圆柱形螺旋线。默认情况下，顶面半径和底面半径设置的值相同。不能指定 0 来同时作为底面半径和顶面半径。

如果指定不同的值来作为顶面半径和底面半径，将创建圆锥形螺旋线。

螺旋线是真实螺旋的样条曲线近似。长度值可能不十分准确。然而，当使用螺旋线作为扫掠路径时，其结果值是准确的（忽略近似值）。

3．绘制多线

多线是由多条平行线组成的组合对象，平行线的间距和数目是可以调整的。多线常用于绘制建筑的墙体和电子线路图中的平行线对象。

启动"多线"命令的方法如下：

● 选择"绘图"菜单下的"多线"子菜单。

● 在命令行中输入"mline"命令。

启动"多线"命令后，命令行显示如下信息：

命令:_mline
当前设置: 对正=上，比例=20.00，样式=STANDARD
指定起点或[对正(J)/比例(S)/样式(ST)]:
指定下一点:

绘制多线时有对正(J)/比例(S)/样式(ST)3 个选项。

● 选择"对正（J）"选项后，系统提示输入对正类型[上(T)/无(Z)/下(B)]。上是指多线的上端与目标点对正，下是指多线的下端与目标点对正，无是指多线的中心线与目标点对正。如图 4-33 所示，多线 CD 与 AB 上对正，多线 EF 与 AB 下对正，多线 GH 与 AB 无对正。

图 4-33　多线对正方式

● 选择"比例（S）"选项后，系统提示输入多线比例。多线比例是指多线中两条边线的距离。

● 选择"样式（ST）"选项后，系统提示输入多线样式。

选择"格式"菜单下的"多线样式"子菜单后，调出"多线样式"对话框如图 4-34 所示。可以新建、修改、加载和保存多线样式。要修改或者新建多线样式，调出 4-35 所示修改多线样式对话框。

图 4-34　多线样式

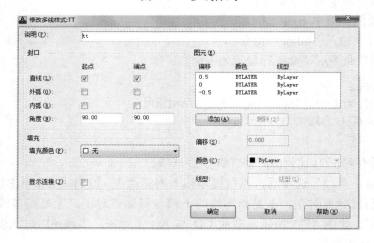

图 4-35　修改多线样式

● 封口选项是指多线两端的封口方式，有直线、外弧、内弧 3 种，如图 4-36 所示。
● 图元选项中，多线默认为两条线，这时可以添加线条。添加的线条默认的偏移量为 0（即中心线位置）。可以设置每一条线的偏移量、颜色和线形，其中偏移量是指偏离中心位置的百分比。
● 填充选项可以让多线内部填充颜色。
● 显示连接选项勾选后，多线在转折时显示连接线。图 4-37 为是否勾选显示连接选项的对比。

图 4-36 封口方式

a) 不选择封口　　b) 选择直线封口

c) 选择外弧封口　　d) 选择内弧封口

图 4-37 连接选项

多线的编辑是指可以对多线的相交方式和顶点进行修改。

选择菜单"修改"→"对象"→"多线"命令，或者直接在命令行里输入 mledit 命令都可以编辑多线，多线编辑如图 4-38 所示。

● 使用 3 个十字形工具 ▦ ▦ ▦ 可以消除相交的线条；

● 使用 3 个 T 字形工具 ▦ ▦ ▦ 和角点结合工具 ∟ 也可以消除相交的线条；

● 使用添加顶点工具 ▦ 可以为多线增加顶点，使用删除顶点工具 ▦ 可以删除多线上的顶点；

● 使用剪切工具 ▦ ▦ 可以切断多线；

● 使用接合工具 ▦ 可以重新显示多线的切断部分。

【例 4-5】　绘制如图 4-39 所示的图形。

图 4-38 多线编辑

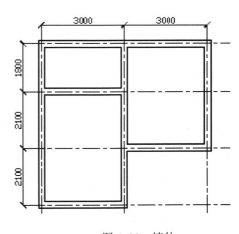

图 4-39 墙体

1）选择菜单"格式"→"图形界限"命令。设置图形界限左下角（0，0），右上角（8000，8000）；

2）选择显示工具条中的"全部缩放"工具图标 🔍，让整个图形界限显示在绘图窗口内；

3）新建两个图层，分别设置线型为中心线和实线。

4）在"特征"图标窗口中，选择线型控制窗口的"其他"选项，打开"线型管理器"窗口，单击"显示细节/隐藏细节"按钮，选中中心线将全局比例因子改成 20，也就是将中心线的点画线间隔放大 20 倍以便观察。"特征"窗口和"线型管理器"窗口如图 4-40，图 4-41 所示。

图 4-40　特征窗口　　　　　　　　图 4-41　线型管理器窗口

5）用点画线绘制如图 4-42 所示的中心线。

6）设置多线比例为 240，封口类型为直线，用目标捕捉的方式绘制如图 4-43 所示外墙图形。

7）再添加两条多线为内墙，如图 4-44 所示。

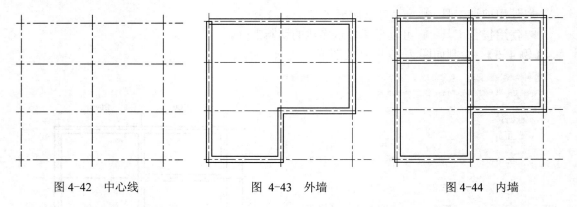

图 4-42　中心线　　　　　　图 4-43　外墙　　　　　　图 4-44　内墙

8）多线修改，用 T 型打开方式合并墙体，如图 4-45 所示。

9）多线修改，用角点结合以及 T 型合并方式修改墙体，如图 4-46 所示。

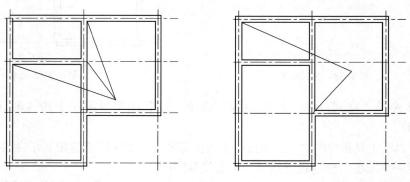

图 4-45　T 型打开方式合并墙体　　图 4-46　角点结合以及 T 型合并方式修改墙体

4.2.4 练习题

4-5 绘制图 4-47 的图形。

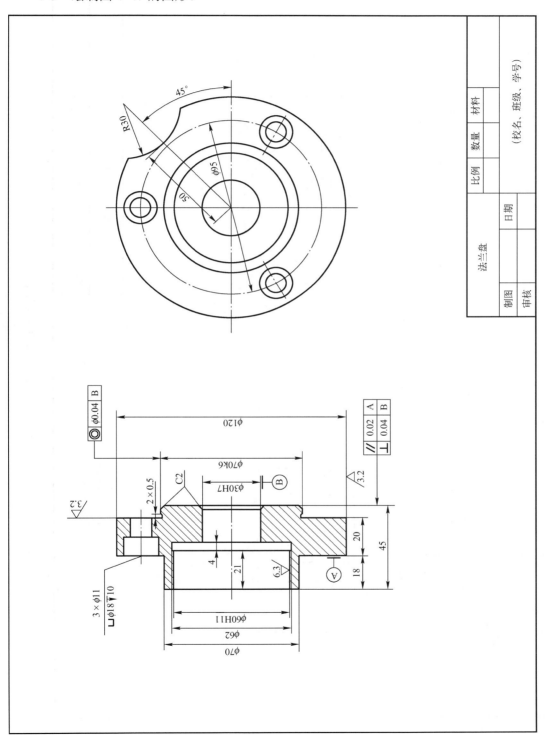

图 4-47 习题 4-5 图形

111

4-6　绘制如图 4-48 所示的图形。

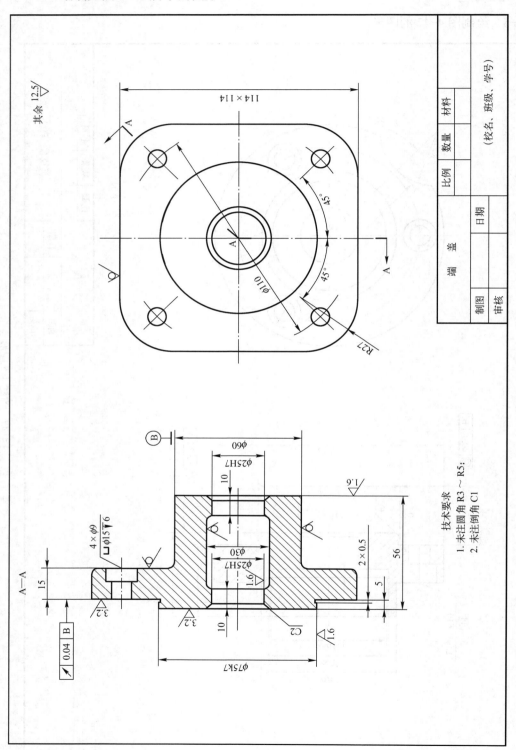

图 4-48　习题 4-6 图形

4-7 绘制如图 4-49 所示的图形。

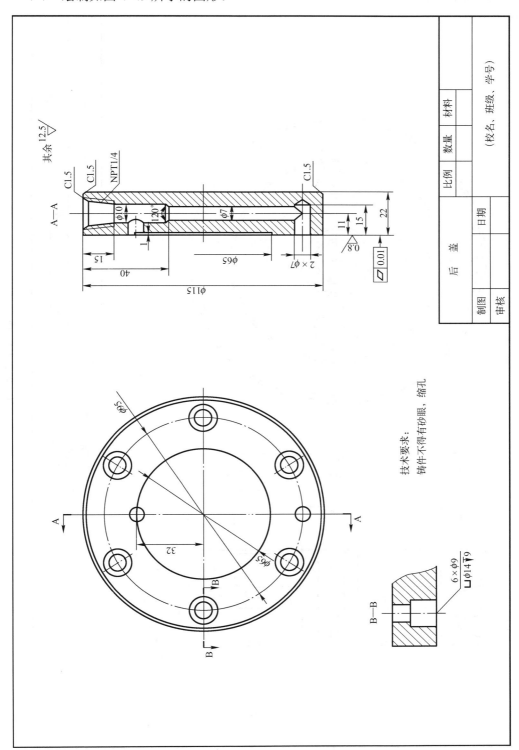

图 4-49 习题 4-7 图形

4-8   绘制如图 4-50 所示的图形。

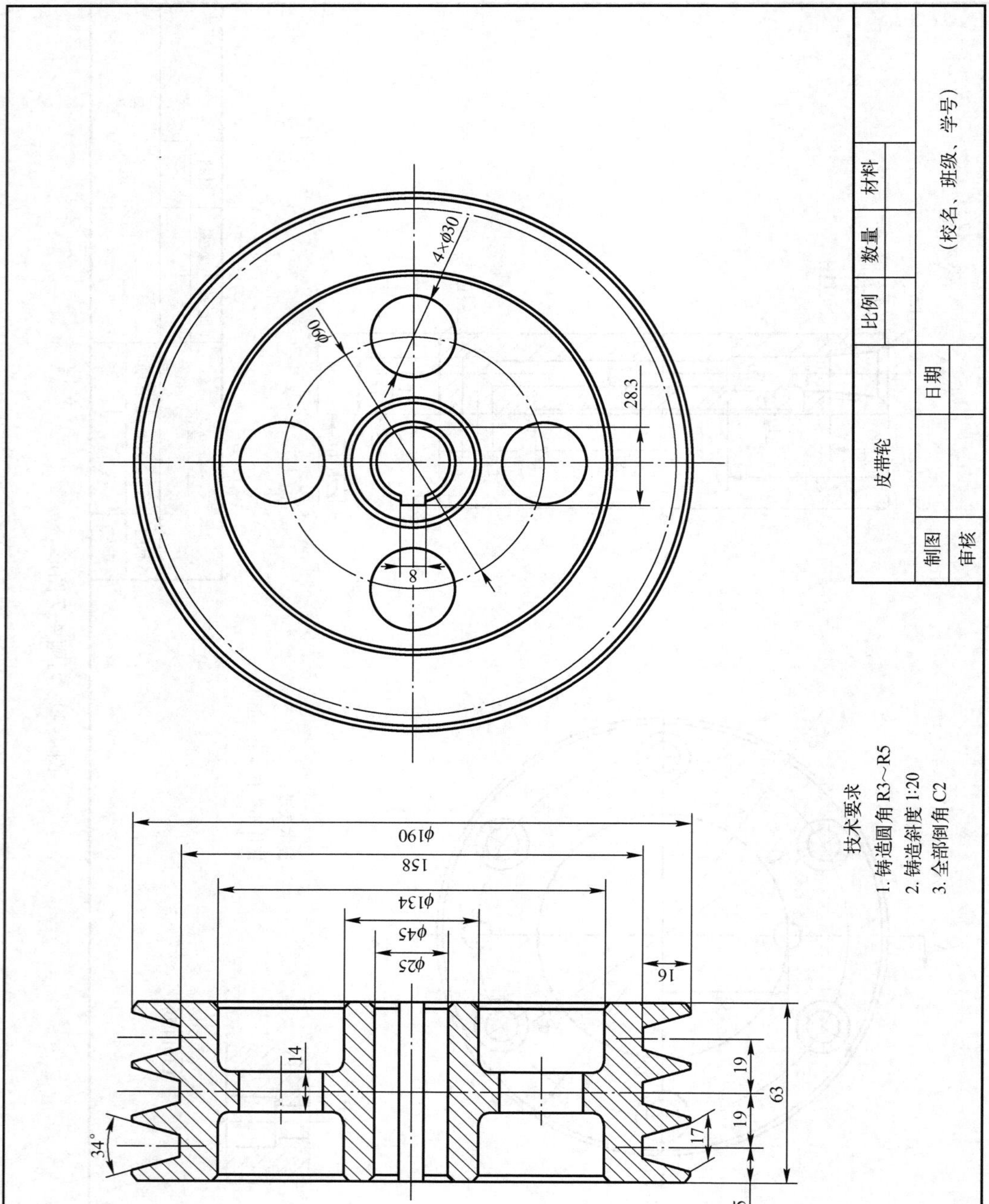

图 4-50   习题 4-8 图形

技术要求
1. 铸造圆角 R3～R5
2. 铸造斜度 1:20
3. 全部倒角 C2

皮带轮

比例		数量		材料	
制图		日期		（校名、班级、学号）	
审核					

114

项目 4.3 叉架类零件的绘制

4.3.1 项目描述

叉架类零件包括拨叉和支架。拨叉主要用在机床、内燃机等机器的操纵机构上。支架主要起支撑和连接作用。叉架类零件的结构特点是用一些实心杆、肋将圆筒和底板连接而成，肋的形状有工字形、T 形、矩形和椭圆形。叉架类零件一般结构比较复杂，常采用铸件或锻件，需经过多种机械加工，各工序的加工位置不尽相同。

图 4-51 所示支架零件是一种轴对称图形，左视图可以用镜像的方法绘制，为了显示支架结构将用到局部视图、剖视图、断面图等表达方式。

绘制图 4-51 时，要注意主视图上部结构、A 向视图及肋板剖面的绘制，同时要注意主视图、左视图、断面图及局部视图之间的对应关系。

通过图 4-51 的绘制可熟悉和掌握支架类机械零件的绘图思路和绘制方法。

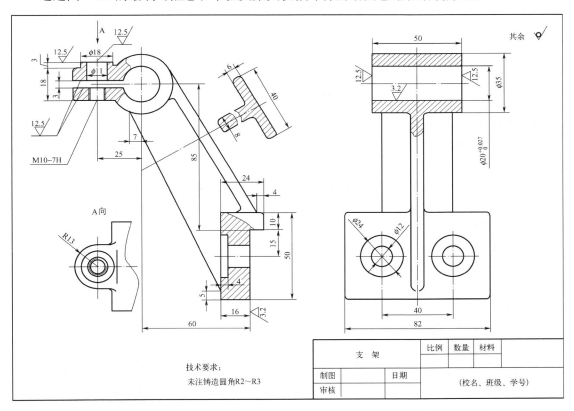

图 4-51 支架

4.3.2 项目实施

绘制图 4-51 所示支架零件的步骤如下（在工作空间中选择 AutoCAD 经典）：

1．设置图层

图层名称	颜色	线型	线宽
边框线	白色	Continuous	0.7
中心线	红色	Center	默认
轮廓线	白色	Continuous	0.35
尺寸线	蓝色	Continuous	默认
剖面线	绿色	Continuous	默认
细实线	青色	Continuous	默认

2．绘制边框及标题栏

选择边框线图层作为当前图层，用矩形工具绘制 A4 图纸 297×210 的边框线。将项目 2.1 绘制的标题栏定义为外部图块（wblock），在图纸的右下角插入此标题栏外部图块。

3．绘制中心线

选择中心线图层作为当前图层，绘制主视图和左视图的中心线，如图 4-52 所示。

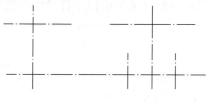

图 4-52　中心线

4．绘制主视图上部轮廓

1）选择轮廓线图层作为当前图层，以左上角两中心线的交点为圆心分别绘制 $\phi20$、$\phi35$ 的圆。

2）从圆心处开始向左绘制长度为 38 的直线，将此直线分别向上向下偏移 1.5 个单位。

3）从 A 点处开始绘制直线，向上 7.5 个单位、向右 4 个单位、向上 3 个单位、向右一直到和 $\phi35$ 的圆相交。

4）从 B 点处开始绘制直线，向下 7.5 个单位、向右一直到和 $\phi35$ 的圆相交。

5）绘制 $\phi11$ 圆孔对应的两条直线、绘制 M10 对应的螺纹线（小径 8.376 为粗实线、大径 10 为细实线），效果如图 4-53 所示。

6）倒圆角，修剪多余的线条，用细实线绘制剖面边界。

5．绘制主视图下部轮廓

1）将圆心处的中心线向右偏移 60 个单位并延长，和下面的中心线相交于 C 点。

2）选择轮廓线图层作为当前图层，从 C 点开始绘制直线，向上 15 个单位、向右 8 个单位、向上 10 个单位，向左 24 个单位、向下 50 个单位、向右 16 个单位、向上回到 C 点。

3）绘制 $\phi12$、$\phi24$ 对应的圆孔线条。从 C 点向上追踪 6 个单位开始绘制直线，向左 12 个单位、向上 6 个单位、向左 4 个单位，将内孔上部线条向下镜像，效果如图 4-54 所示。

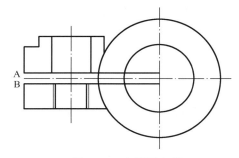

图 4-53　主视图上部

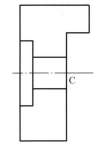

图 4-54　主视图下部

4）倒圆角，用细实线绘制剖面边界线。

6. 绘制主视图中间连接部分

1）将中心线向左偏移 7 个单位，和 $\phi 35$ 圆相交于 F 点。将线条 1 向左偏移 4 个单位得到交点 D，将线条 2 向上偏移 5 个单位得到交点 E。

2）从 D 点开始绘制和 $\phi 35$ 相切的直线、将此直线向左偏移 6 个单位，并绘制 EF 直线，效果如图 4-55 所示。

3）将前面偏移的辅助线删掉并修剪线条的多余部分，倒圆角。

7. 绘制左视图

1）从 $\phi 35$ 圆与中心线相交的上象限点向右追踪到与左视图中心线的交点 G 开始绘制直线，向左 25 个单位、向下 35 个单位、向右作中心线的垂线。

2）绘制 $\phi 20$ 的内孔直线，左视图上部效果如图 4-56 所示。

3）将前面偏移的辅助线删掉并修剪线条的多余部分。

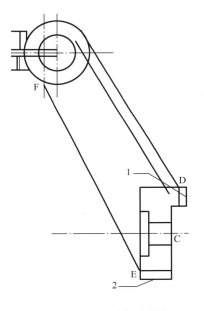

图 4-55　主视图中间连接部分

4）从主视图底端线向右追踪到与左视图中心线的交点 H 开始绘制直线，向左 41 个单位、向上 50 个单位、向右作中心线的垂线。

5）在中心线的交点处绘制 $\phi 12$ 和 $\phi 24$ 的圆，左视图下部效果如图 4-57 所示。

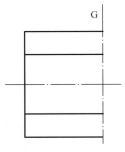

图 4-56　左视图上部

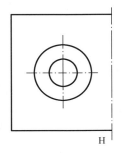

图 4-57　左视图下部

6）将中心线向左分别偏移 4 个单位和 20 个单位并将偏移后的中心线转换为轮廓线图层。

7）将左视图的左半部分向右镜像。

8）修剪多余的线条，倒圆角，用细实线绘制剖面边界。

8．绘制 A 向视图

1）选择中心线图层作为当前图层，从主视图 $\phi 18$ 圆中心线处向下绘制两相互垂直的中心线。

2）选择细实线图层作为当前图层，以中心线交点为圆心绘制 $R5$ 的圆，并进行修剪。

3）选择轮廓线图层作为当前图层，以中心线交点为圆心绘制 $\phi 8.376$、$\phi 11$、$\phi 18$、$\phi 26$ 的圆。

4）从主视图上部圆心位置向下引一条辅助线 3，将该辅助线向左偏移 15 个单位得到线条 4。

5）从 I 点向上追踪 25 个单位开始向右绘制直线 5。

6）从 $\phi 26$ 圆的上部象限点处向右绘制直线 6，并用圆弧绘制一圆角，效果如图 4-58 所示。

7）向下镜像线条 5、6，倒圆角，删除多余的线条，绘制剖面边界线，效果如图 4-59 所示。

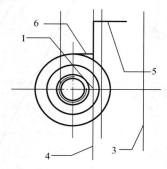　　　　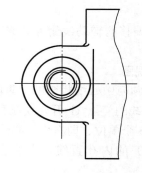

图 4-58　A 向视图 1　　　　　　图 4-59　A 向视图 2

9．绘制断面图

1）选择中心线图层作为当前图层，绘制一条垂直于主视图中间连接部分轮廓线的中心线并延长。

2）在其他位置绘制一条水平中心线。

3）选择轮廓线图层作为当前图层，在前一步的中心线上的一点处开始绘制直线，向上 20 个单位、向左 6 个单位、向下 16 个单位、向左 30 个单位，向下垂直于中心线，并与之相交。

4）将端面轮廓向下镜像。

5）打断左半部分的轮廓线，转换到细实线图层，用波浪线将打断的地方连接起来作为断面的边界线，效果如图 4-60 所示。

6）输入对齐命令（align），选择断面轮廓为对齐对象，指定第一个源点为 G，指定第一个目标点 K，指定第二个源点 M，指定第二个目标点 N，不要基于对齐点缩放对象，效果如图 4-61 所示。

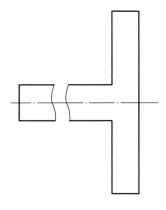

图 4-60 断面图

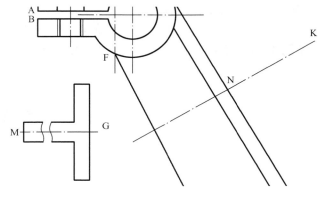

图 4-61 断面对齐

10．标注尺寸及技术要求

1）选择"线性"标注样式，设置字高 3.5，箭头大小 2.5，文字和尺寸线对齐，主单位精确到个位，标注各线性尺寸。

2）选择"直径"标注样式，在主单位下设置尺寸前缀"%%C"。用标注长度的方法分别标注各段直径值，对于有尺寸公差的尺寸用标注样式下的"替代"方式进行标注。

3）创建一个带属性的粗糙度块，并标注各粗糙度值。

4）创建基准 A。

5）标注对应的垂直度形位公差。

6）标注其余粗糙度符号和技术要求。

11．绘制剖面线

用细实线图层绘制剖面边界，用剖面线图层填充剖面线。

4.3.3 项目拓展——缩放、拉伸、延伸、对齐

1．缩放

在图形编辑中可以利用"缩放"工具按比例因子缩放对象。

启动"缩放"命令的方法如下：

● 选择"修改"菜单下的"缩放"子菜单。

● 选择"常用"面板，"修改"工具栏，"缩放"图标。

● 在命令行中输入"scale"命令。

启动"缩放"命令后，命令行显示如下信息：

> 命令：_scale
> 选择对象：指定对角点：
> 选择对象：
> 指定基点：
> 指定比例因子或[复制(C)/参照(R)] <1.0000>：

下面对缩放的 3 个选项作一下简单介绍：

● 比例因子，输入缩放的比例系数；

- 复制，在缩放的时候将原对象复制一份；
- 参照，按照指定的参照大小来确定缩放的比例。

【例 4-6】 将图 4-62 中的小椅子按 AB、AC 的比例缩放并复制一份。

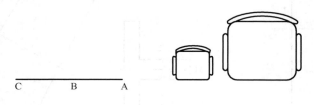

图 4-62 缩放

1）命令行输入 scale。

2）选择对象，框选图中的小椅子（选完后按鼠标右键或者回车键结束选择）。

3）指定基点，选中 A 点为基点。

4）指定比例因子或 [复制(C)/参照(R)]，输入"C"，选择复制选项。

5）缩放一组选定对象。

6）指定比例因子或[复制(C)/参照(R)]，输入"R"，选择参照选项。

7）指定参照长度，选择 AB 为参照长度。

8）指定新的长度或 [点(P)]，选择 AC 为新长度。

2. 拉伸

在图形编辑中可以利用"拉伸"工具将交叉选择的对象部分整体拉伸至指定位置。

启动"拉伸"命令的方法如下：

- 选择"修改"菜单下的"拉伸"子菜单。
- 选择"常用"面板，"修改"工具栏，"拉伸"图标。
- 在命令行中输入"stretch"命令。

启动"拉伸"命令后，命令行显示如下信息：

命令: _stretch
以交叉窗口或交叉多边形选择要拉伸的对象...
选择对象: 指定对角点: 找到 4 个
选择对象:
指定基点或[位移(D)] <位移>:
指定第二个点或<使用第一个点作为位移>:

【例 4-7】 将图 4-63 中左图虚线框中的部分由 A 点拉伸到 B 点。

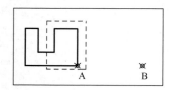 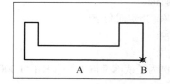

图 4-63 拉伸

1）启动"拉伸"命令；

2）以交叉窗口方式（从右向左）框选虚线框部分（选完后按"回车"键或者按鼠标右键结束选择）；

3）指定 A 点为拉伸基点；

4）指定 B 点为拉伸第二点。

3．延伸

在图形编辑中可以使对象精确地延伸至由其他对象定义的边界边上。

启动"延伸"命令的方法如下：

● 选择"修改"菜单下的"延伸"子菜单。

● 选择"常用"面板，"修改"工具栏，"修剪 / 延伸"图标。

● 在命令行中输入"extend"命令。

启动"延伸"命令后，命令行显示如下信息：

　　命令: _extend

　　当前设置:投影=视图，边=无

　　选择边界的边...

　　选择对象或<全部选择>: 找到 1 个

　　选择对象:

　　选择要延伸的对象，或按住 Shift 键选择要修剪的对象，或

　　[栏选(F)/窗交(C)/投影(P)/边(E)/放弃(U)]:

在使用"延伸"时，先要选择延伸到达的边界线，然后再选择需要延伸的对象。图 4-64 为延伸的图示。

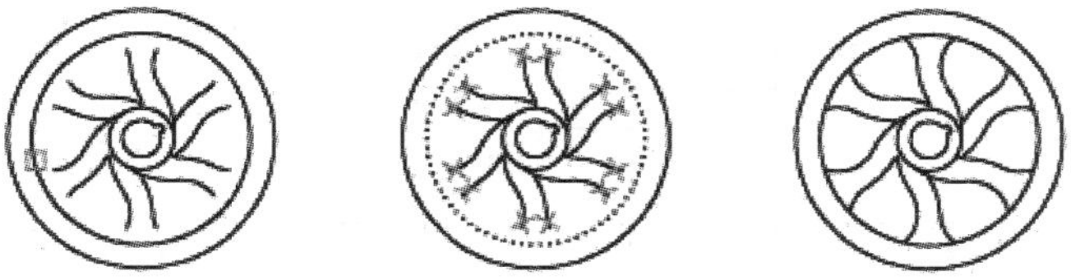

选定的边界　　　　　选定要延伸的对象　　　　　结果

图 4-64　延伸

4．对齐

在 AutoCAD 2013 中，可以同时移动、旋转、缩放对象使之与另一对象对齐。

启动"对齐"命令的方法如下：

● 选择菜单"修改"→"三维操作"→"对齐"。

● 在命令行中输入"align"命令。

启动"对齐"命令后，命令行显示如下信息：

　　输入"align"命令；

　　　　选择要对齐的对象

　　　　指定第一个源点；

　　　　指定第一个目标点；

　　　　指定第二个源点；

　　　　指定第二个目标点；

　　　　指定第三个源点或 <继续>

　　　　是否基于对齐点缩放对象?[是(Y)/否(N)] <否>

　注意：

　提示"选择要对齐的对象"时，选择完对象后单击鼠标右键或按"回车"键表示结束选择。

　提示"是否基于对齐点缩放对象"时，如果对齐前后大小不一样则存在缩放问题，默认情况为不缩放。

【例4-8】 将图4-65中左边的图形编辑对齐如右图所示。

1）在命令行输入"align"命令；

2）选择要对齐的对象（选择完对象后单击鼠标右键或按"回车"键表示结束选择）；

3）指定第一个源点A点；

4）指定第一个目标点B点；

5）指定第二个源点C点；

6）指定第二个目标点D点；

7）指定第三个源点或<继续>（单击鼠标右键或按"回车"键表示对齐点选择结束）；

8）是否基于对齐点缩放对象？[是(Y)/否(N)] <否>（选择是(Y)）。

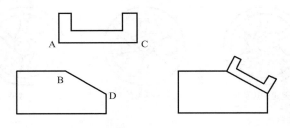

图4-65　对齐

4.3.4　练习题

　4-9　绘制如图4-66所示的图形。

　4-10　绘制如图4-67所示的图形。

　4-11　绘制如图4-68所示的图形。

　4-12　绘制如图4-69所示的图形。

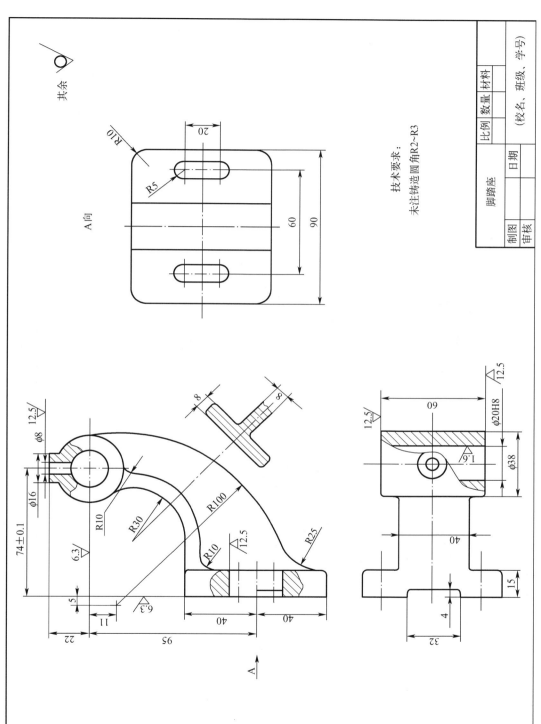

图 4-66 习题 4-9 图形

123

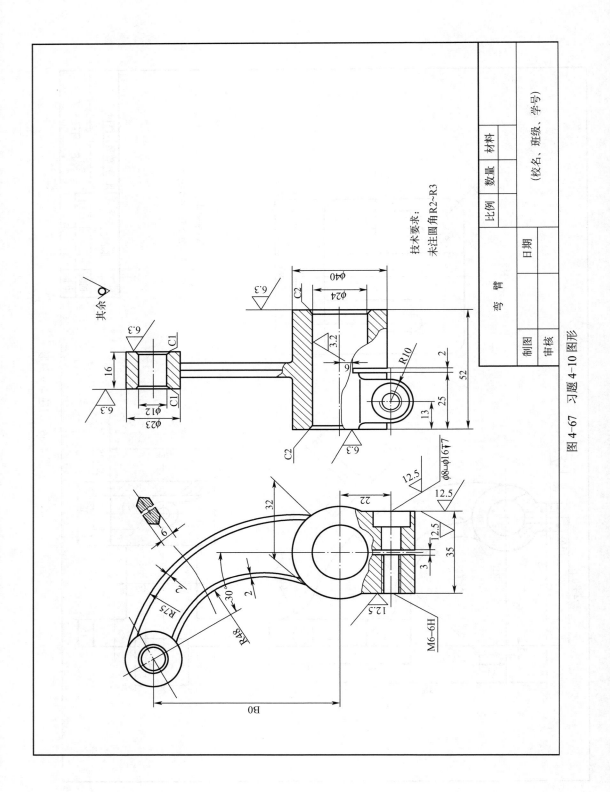

图 4-67 习题 4-10 图形

124

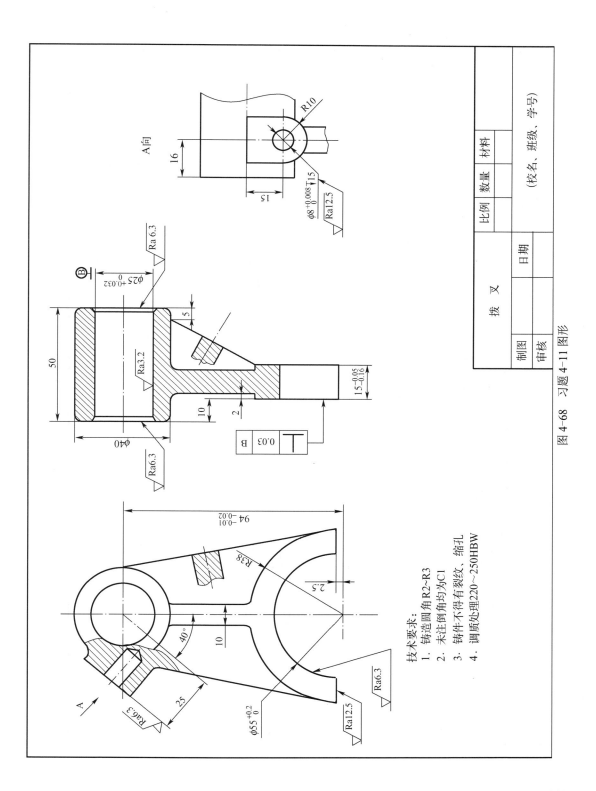

技术要求:
1. 铸造圆角R2~R3
2. 未注倒角均为C1
3. 铸件不得有裂纹、缩孔
4. 调质处理220~250HBW

图 4-68 习题 4-11 图形

125

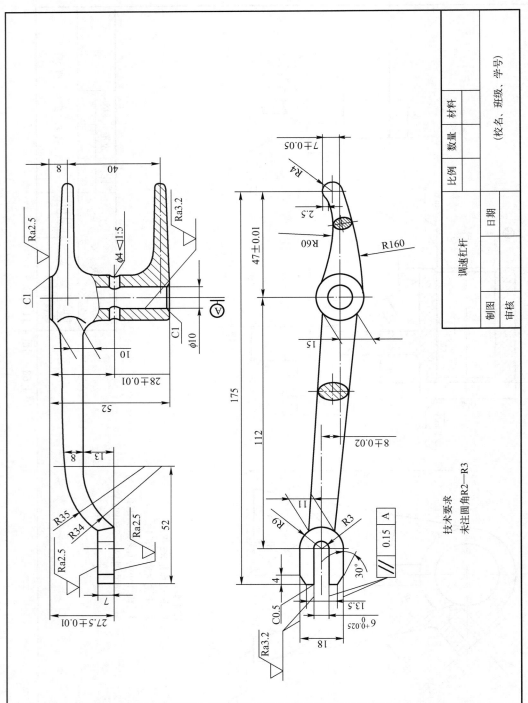

技术要求
未注圆角R2—R3

图 4-69 习题 4-12 图形

项目 4.4　箱体类零件的绘制

4.4.1　项目描述

箱体类零件用于容纳、支承和保护内部零件及定位、密封作用，其结构比较复杂，多为铸造件，一般为机器的主体。该类零件有用于支承和容纳其他零件的轴孔和内腔，底板上有定位销孔、螺孔、光孔、凸台及沉头孔等结构。

齿轮泵是一个比较简单的机器，同时也是一个比较典型的机器，很多《机械制图》教材中都有齿轮泵泵体的零件图及齿轮泵的装配图。图 4-70 所示齿轮泵泵体零件是齿轮泵的主体，为了显示其内部结构主视图采用全剖的表达方式，由于零件具有轴对称特性，故左视图用镜像的方法绘制。在图形绘制中要特别注意螺纹的绘制方法及两个视图方向上的对应关系。

通过图 4-70 的绘制可熟悉和掌握简单箱体类机械零件的绘图思路和绘制方法。

4.4.2　项目实施

绘制图 4-70 泵体零件的步骤如下（在工作空间中选择"AutoCAD 经典"）：

1. 设置图层

图层名称	颜色	线型	线宽
边框线	白色	Continuous	0.7
中心线	红色	Center	默认
轮廓线	白色	Continuous	0.35
尺寸线	蓝色	Continuous	默认
剖面线	绿色	Continuous	默认
细实线	青色	Continuous	默认

2. 绘制边框及标题栏

选择边框线图层作为当前图层，用矩形工具绘制 A4 图纸 297×210 的边框线。将项目 2.1 绘制的标题栏定义为外部图块（wblock），在图纸的右下角插入此标题栏外部图块。

3. 绘制中心线

选择中心线图层作为当前图层，绘制中心线（注意各中心线之间的距离），如图 4-71 所示。

4. 绘制主视图

1）选择轮廓线图层作为当前图层，从中心线靠左一点（记为 C 点）处开始绘制直线，向上 41 个单位、向右 16 个单位、向下 2 个单位、向右 22 个单位、向下 20 个单位、向右 30 个单位、向下捕捉到中心线上的垂足点，进行相应的倒圆角，效果如图 4-72 所示。

2）从 C 点处向上追踪 30 个单位后开始绘制直线，向右 30 个单位、向下 22 个单位、向右 26 个单位、向上 3 个单位、向右捕捉到右边端面上的垂足点。

3）对 D 点进行 1 个单位的倒角，在 E 点绘制 240° 的直线（输入<240），效果如图 4-73 所示。

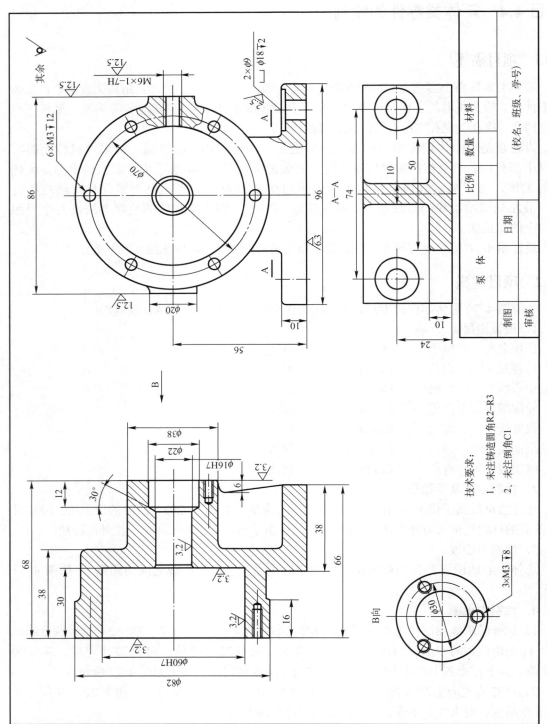

图 4-70 泵体

技术要求：
1、未注铸造圆角R2-R3
2、未注倒角C1

128

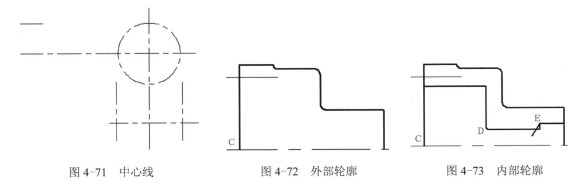

图 4-71　中心线　　　　　　　　图 4-72　外部轮廓　　　　　　　图 4-73　内部轮廓

4）对前两步绘制的线条进行修剪和连线（连接到中心线）。

5）将上部轮廓向下镜像。

6）将线条 1 向右偏移 66 个单位，将水平中心线向下偏移 56 个单位，偏移后的两线条相交于 F 点。

7）从 F 点开始绘制直线，向左 38 个单位、向上捕捉到交点 G，再从 F 点开始向上 10 个单位、向左 28 个单位、向上捕捉到交点 H，如图 4-74 所示。

8）将下部结构中多余的线条删掉并作相应的倒角。

9）将线条 2 向左边偏移 6 个单位，绘制直线 IJ，倒圆角，删除多余的辅助线，如图 4-75 所示。

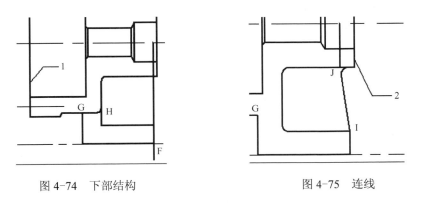

图 4-74　下部结构　　　　　　　　　　　　图 4-75　连线

5. 绘制螺纹

1）将中心线向下偏移 15 个单位和右边轮廓线相交于 K 点。

2）从 K 点向上追踪 2.459/2（M3 螺纹内径的一半）个单位开始向左 10 个单位绘制直线，再绘制 240º 的直线（输入 <240）。

3）将细实线图层转换为当前图层，从 K 点向上追踪 1.5 个单位开始向左 8 个单位绘制直线。

4）修剪多余的线条，并连接到中心线的相应线条，将螺纹上部分向下镜像，效果如图 4-76 所示。

5）按同样的方法绘制 M3 深 12 的螺纹。

6）从左端面向右 14 个单位处绘制一竖直中心线，用轮廓线绘制 ϕ4.917 的圆，用细实线绘制$\phi6$的圆并将其切断 1/4。

6．绘制左视图

1）将轮廓线图层转换为当前图层，以中心线交点为圆心绘制$\phi16$、$\phi18$、$\phi60$、$\phi82$的圆。

2）从圆心点向右追踪 43 个单位后开始绘制直线，向上 10 个单位，向左水平和$\phi82$的圆相交，倒圆角，如图 4-77 所示。

3）将上一步绘制的直线向下、向左镜像。

4）修剪右部轮廓线，将中心线向上偏移 4.917/2 个单位和 3 个单位，将偏移后的线条转换为粗实线和细实线，修剪多余的线条，向下镜像，如图 4-78 所示。

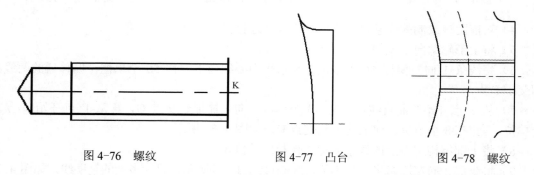

图 4-76　螺纹　　　　　图 4-77　凸台　　　　　图 4-78　螺纹

5）以竖直中心线和$\phi70$的圆的交点为圆心绘制$\phi4.917$的粗实线圆和$\phi6$细实线圆，将$\phi6$圆切掉 1/4，再绘制一竖直中心线。

6）将上一步绘制的中心线和圆做 6 份环行阵列，如图 4-79 所示。

7）将左视图圆心处的水平中心线向下偏移 56 个单位，竖直中心线向左偏移 48 个单位，两偏移的线条相交于 L 点。

8）从 L 点向右绘制长 48 的线条，再从 L 点绘制直线，向上 10 个单位、向右 23 个单位、向上交于$\phi82$的圆，作相应的圆角。

9）将上一步绘制的 4 条直线向右镜像，如图 4-80 所示。

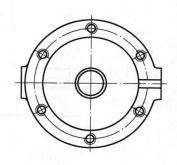

图 4-79　阵列

10）从 M 点向右追踪 9 个单位开始绘制直线，向下 2 个单位、向左 4.5 个单位、向下捕捉到底边的垂足点。

11）将上一步绘制的 3 条直线向左镜像并连接中间的线条，如图 4-81 所示。

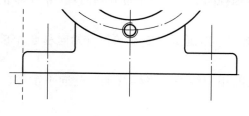

图 4-80　底座

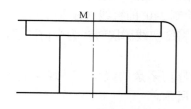

图 4-81　底座固定孔

7．绘制 A—A 剖视图

1）将中心线向下偏移 24 个单位，和 L 点向下的直线向交于 N 点。

2）从 N 点开始绘制一个 96×38 的矩形（选择矩形工具，输入@96，38）并倒角。

3）从 P 点处向左追踪 5 个单位开始绘制直线，向下 28 个单位、向左 20 个单位、向下捕捉到垂足点，对绘制的直线倒圆角。

4）以左边中心线交点处为圆心绘制$\phi 9$、$\phi 18$ 的圆，如图 4-82 所示。

5）将左边图形向右镜像。

8．绘制 B 向视图

1）选择中心线图层为当前图层，绘制两中心线，以中心线的交点为圆心绘制$\phi 30$ 的圆。

2）选择轮廓线图层为当前图层，以中心线的交点为圆心绘制$\phi 22$、$\phi 38$ 的圆。

3）将左视图中的螺纹复制并作 3 等份的环行阵列，如图 4-83 所示。

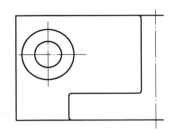 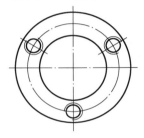

图 4-82　A—A 剖面部分　　　　图 4-83　B 向视图

9．标注尺寸及技术要求

1）选择"线性"标注样式，设置字高 3.5，箭头大小 2.5，文字和尺寸线对齐，主单位精确到个位，标注各线性尺寸。

2）选择"直径"标注样式，在主单位下设置尺寸前缀"%%C"。用标注长度的方法分别标注各段直径值，对于有尺寸公差的尺寸用标注样式下的"替代"方式进行标注。

3）创建一个带属性的粗糙度块，并标注各粗糙度值。

4）标注其余粗糙度符号和技术要求。

10．绘制剖面线

用细实线图层绘制剖面边界，用剖面线图层填充剖面线。

4.4.3　项目拓展——打断、合并、分解、夹点编辑、对象特性、缸体零件

1．打断

在图形编辑中可以使用"打断"命令来部分删除对象或者把对象分解为两部分。

启动"打断"命令的方法如下：

● 选择"修改"菜单下的"打断"子菜单。

● 选择"常用"面板，"修改"工具栏，"打断"图标。

● 在命令行中输入"break"命令。

要打断对象而不创建间隙，请在相同的位置指定两个（重合）打断点。同样也可以用"打断于点"的命令（选择"常用"面板，"修改"工具栏，"打断于点"图标）。

启动"打断"命令后，先选择需要打断的对象（并默认在选择对象时的光标所在处为打

断的第一个点的位置），然后指定第二个打断点的位置。如果打断的第一个点不用默认点则选择命令行提示下的"第一点(F)"。打断的效果如图4-84所示。

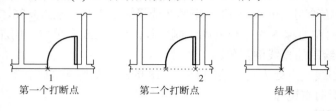

第一个打断点　　　　　　第二个打断点　　　　　　结果

图4-84　打断

2. 合并

在图形编辑中可以使用"合并"命令来将断开的部分合并成一个整体。

启动"合并"命令的方法如下：

● 选择"修改"菜单下的"合并"子菜单。

● 选择"常用"面板，"修改"工具栏，"合并"图标。

● 在命令行中输入"join"命令。

启动"合并"后，先选择源对象，然后选择要合并到源对象的对象。如果要将对象闭合成一个整体则选择"闭合(L)"选项。

【例4-9】 将图4-85a的部分椭圆合并成b图和c图。

1）启动"合并"命令；

2）选择源对象 A 段椭圆弧，回车后选择要合并到源的对象的 B 段椭圆弧，效果如图 4-85b 所示；

3）再次启动"合并"命令，选择源对象 A 段椭圆弧，选择"闭合(L)"选项，效果如图 4-85c 所示。

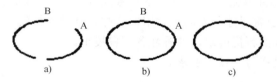

a)　　　　　　b)　　　　　　c)

图4-85　合并

3. 分解

在图形编辑中可以使用"分解"命令来将一个整体分解成多个对象。

启动"分解"命令的方法如下：

● 选择"修改"菜单下的"分解"子菜单。

● 选择"常用"面板，"修改"工具栏，"分解"图标。

● 在命令行中输入"explode"命令。

4. 夹点编辑

当光标移动到被选对象上时，该对象将亮显并显示出被选择对象的夹点，如图 4-86 所示。圆有五个夹点，分别在圆心和四个象限点上。选择圆心夹点并移动光标可以移动圆的位置，选择圆的象限点上的夹点并移动光标可以调节圆的半径大小。直线有三个夹点，分别在中点和两个端点上。选择直线中点夹点并移动光标可以移动直线的位置，选择直线端点上的夹点并移动光标可以调节直线的长度。

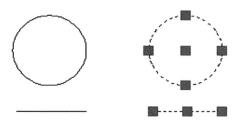

图 4-86　选择夹点

在 AutoCAD 2013 中，夹点是一种集成的编辑模式，可以通过拖动夹点来执行复制、拉伸、移动、旋转、缩放或镜像操作。

选择对象夹点后，命令行有如下显示：

命令:
** 拉伸 **
指定拉伸点或[基点(B)/复制(C)/放弃(U)/退出(X)]:

下面对几种操作方式作简单介绍：
- 复制：选择夹点后，再选择"复制(C)"选项，即可进行复制；
- 拉伸：选择夹点后，默认的形式为拉伸；
- 移动：选择夹点后，按一次"空格"键或者按一次"回车"键即为移动模式；
- 旋转：选择夹点后，连续两次按"空格"键或者 "回车"键即为旋转模式；
- 缩放：选择夹点后，连续三次按"空格"键或者 "回车"键即为缩放模式；
- 镜像：选择夹点后，连续四次按"空格"键或者 "回车"键即为镜像模式。

5. 对象特性

在 AutoCAD 2013 中，每一个对象的特性都会记录在"对象特性"面板里。对象特性包括对象的线型、颜色、图层、线宽、尺寸以及位置等特征。

启动"特性"命令的方法如下：
- 选择"修改"菜单下的"特性"子菜单。
- 选择"常用"选项卡，"特性"面板右下角的箭头。
- 在命令行中输入"properties"命令。

启动"特性"命令后，调出"特性"对话框，如图 4-87所示。选择某一对象后，"特性"对话框中就会显示所选对象的名称和其特性。图 4-87 是选择的一个圆，对话框顶部显示了该对象的名称"圆"，下面显示了该圆的颜色、图层、线型、坐标、半径、周长等特性。

不仅可以通过 "特性"对话框查看对象特性，还可以通过改变"特性"对话框中的选项和数值来改变相应对象的特征。

图 4-87　特性

6. 缸体零件的绘制（绘制图 4-88 所示的缸体）

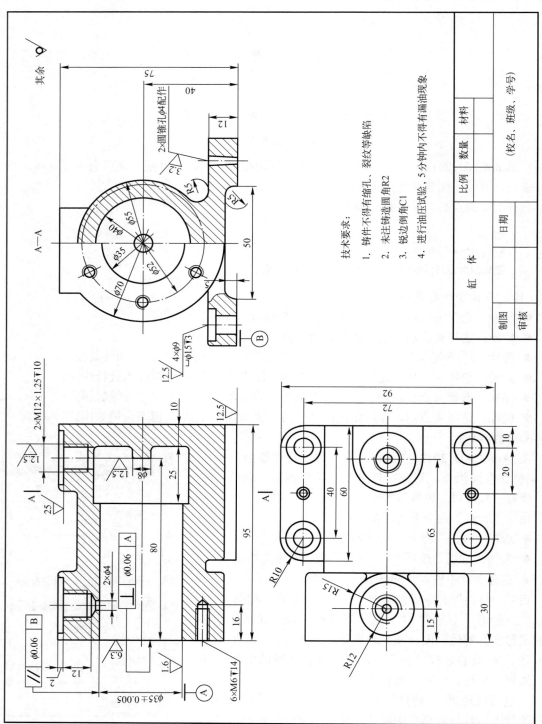

技术要求：

1. 铸件不得有缩孔、裂纹等缺陷
2. 未注铸造圆角R2
3. 锐边倒角C1
4. 进行油压试验，5分钟内不得有漏油现象

	缸 体			
		比例	数量	材料
制图		日期		
审核				（校名、班级、学号）

图 4-88　缸体

134

（1）设置图层

图层名称	颜色	线型	线宽
边框线	白色	Continuous	0.7
中心线	红色	Center	默认
轮廓线	白色	Continuous	0.35
尺寸线	蓝色	Continuous	默认
剖面线	绿色	Continuous	默认
细实线	青色	Continuous	默认

（2）绘制边框及标题栏

选择边框线图层作为当前图层，用矩形工具绘制 A4 图纸 297×210 的边框线。将项目 2.1 绘制的标题栏定义为外部图块（wblock），在图纸的右下角插入此标题栏外部图块。

（3）绘制中心线

选择中心线图层作为当前图层，绘制中心线（注意各中心线之间的距离），如图 4-89 所示。

图 4-89　中心线

（4）绘制俯视图

1）选择轮廓线图层作为当前图层，从中心线交点向左追踪 15 个单位开始绘制直线，向上 35 个单位、向右 30 个单位、向下 7.5 个单位、向右 65 个单位、向下捕捉到与中心线的交点，如图 4-90 所示。

2）倒圆角并绘制连接到中心线的线条。

3）将水平中心线向上偏移 36 个单位，从 A 点处开始向上绘制一条中心线并向左分别偏移 10 个单位、30 个单位、50 个单位，如图 4-91 所示。

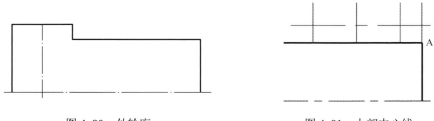

图 4-90　外轮廓　　　　　　　图 4-91　上部中心线

4）删掉 A 点处的中心线，再从 A 点处开始绘制直线，向上 18.5、向左 60、向下 18.5，作 $R10$ 的圆角。

5）以交点 B 为圆心绘制 $\phi 9$ 和 $\phi 15$ 的圆，将 $\phi 9$ 和 $\phi 15$ 的圆向 C 点处复制，在 D 点处绘制定位销孔的圆，如图 4-92 所示。

6）将上部轮廓向下镜像。

7）以 E 点（中心线交点）为圆心绘制 $\phi 4$、$\phi 10.106$（M12 内径）、$\phi 24$、$\phi 30$ 的圆，从 $\phi 30$ 圆的象限点处向左绘制到端线的两水平线。

8）转换到细实线图层绘制 $\phi 12$ 的圆并打断 1/4 个圆。

9）修剪多余的线条，倒边线上的圆角 *R*2，如图 4-93 所示。

10）将上一步绘制的图形向右 65 个单位距离处复制一份并旋转 180°。

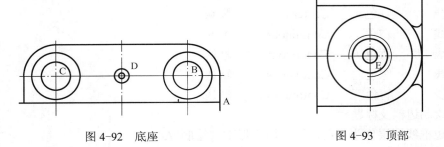

图 4-92　底座　　　　　　　　　　　　　　图 4-93　顶部

（5）绘制主视图

1）选择轮廓线图层作为当前图层，从中心线交点（F 点）向左追踪 15 个单位开始绘制直线，向上 35 个单位、向右 30 个单位、向下 7.5 个单位、向右 35 个单位、向上 7.5 个单位、向右 30 个单位、向下捕捉到与中心线的交点，如图 4-94 所示。

2）从 G 点处向上追踪 17.5 个单位开始绘制直线，向右 60 个单位、向上 2.5 个单位、向右 25 个单位、向下 16 个单位、向左 5 个单位、向下捕捉到与中心线的交点，如图 4-95 所示。

3）对前面两步绘制的直线倒相应的圆角并连接到中心线的相应连线。

4）将图形向下镜像。

5）将水平中心线向下偏移 40 个单位，从 H 点处开始绘制直线，向下捕捉到中心线的交点、向左 60 个单位、向上捕捉到交点 I。再从 H 点向左绘制直线 HJ，如图 4-96 所示。

6）倒相应的圆角并删除相应的直线。

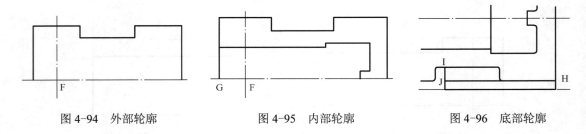

图 4-94　外部轮廓　　　　　　　图 4-95　内部轮廓　　　　　　　图 4-96　底部轮廓

（6）绘制 M12 的螺纹

1）选择轮廓线图层作为当前图层，从交点 K 向左追踪 12 个单位开始绘制直线，向下 2 个单位、向右捕捉到与中心线的交点。

2）以前一步绘制直线的端点为圆心绘制 ϕ10.106 的圆（M12 螺纹小径）。

3）从 ϕ10.106 圆左端象限点处向下绘制 12 的直线，再绘制 30° 的斜线（输入 "<-30"）。

4）将中心线向左偏移 2 个单位为并将其转换为轮廓线。

5）选择中心线图层作为当前图层，从圆心处向左追踪 6 个单位开始向下绘制长度为 12 的直线。

6）选择轮廓线图层作为当前图层，连接相应的到中心线的直线，如图 4-97 所示。

7）修剪多余的线条。

8）将左边的轮廓向右镜像。

9）再将整个螺纹向右 65 个单位复制一份并修剪多余的线条。

10）M6 的螺纹参照例 6-5 中第 5 步绘制。

（7）绘制左视图

1）将轮廓线图层转换为当前图层，以中心线交点为圆心绘制 $\phi 8$、$\phi 35$、$\phi 40$、$\phi 55$、$\phi 70$ 的圆。

2）从 $\phi 70$ 的圆的顶部象限点处开始绘制直线，向左 15 个单位、向下和 $\phi 70$ 的圆相交。从 $\phi 70$ 的圆的顶部象限点处开始绘制直线，向右 15 个单位、向下和 $\phi 55$ 的圆相交。

3）修剪部分半圆，如图 4-98 所示。

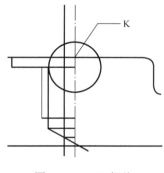

图 4-97　M12 螺纹

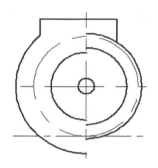

图 4-98　圆

4）从 M 点处开始绘制直线，向左 25 个单位、向下 5 个单位、向左 21 个单位、向上 12 个单位、向右水平捕捉到与 $\phi 70$ 圆的交点。

5）将上一步绘制的线条向右镜像。

6）将中心线向左右分别偏移 36 个单位，如图 4-99 所示。

7）作 R5 的倒角。

8）从 N 点处开始向左追踪 7.5 个单位后开始绘制直线，向下 3 个单位、向右 3 个单位、向下 9 个单位。

9）将上一步绘制的线条向右镜像并连接台阶处的线条，如图 4-100 所示。

10）绘制右边的定位销孔。

11）以粗实线绘制 $\phi 4.917$ 的圆（M6 螺纹小径），以细实线绘制 $\phi 6$ 的圆并切掉 1/4，将螺纹阵列 3 份。

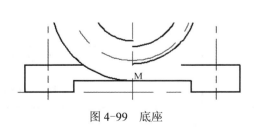

图 4-99　底座

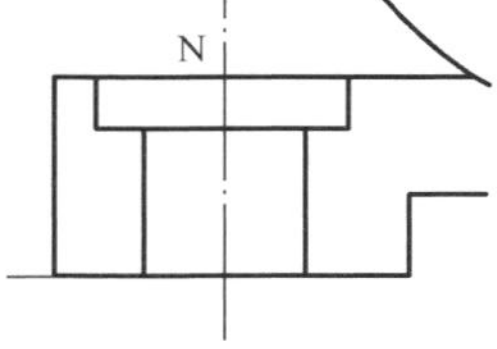

图 4-100　连接孔

（8）标注尺寸及技术要求

1）选择"线性"标注样式，设置字高 3.5，箭头大小 2.5，文字和尺寸线对齐，主单位精确到个位，标注各线性尺寸。

2）选择"直径"标注样式，在主单位下设置尺寸前缀"%%C"。用标注长度的方法分别标注各段直径值，对于有尺寸公差的尺寸用标注样式下的"替代"方式进行标注。

3）创建一个带属性的粗糙度块，并标注各粗糙度值。

4）创建基准 A、B。

5）标注对应的垂直度和平行度形位公差。

6）标注其余粗糙度符号和技术要求。

（9）绘制剖面线

用细实线图层绘制剖面边界，用剖面线图层填充剖面线。

4.4.4 练习题

4-13　绘制如图 4-101 所示的图形。

4-14　绘制如图 4-102 所示的图形。

4-15　绘制如图 4-103 所示的图形。

4-16　绘制如图 4-104 所示的图形。

4-17　绘制如图 4-105 所示的图形。

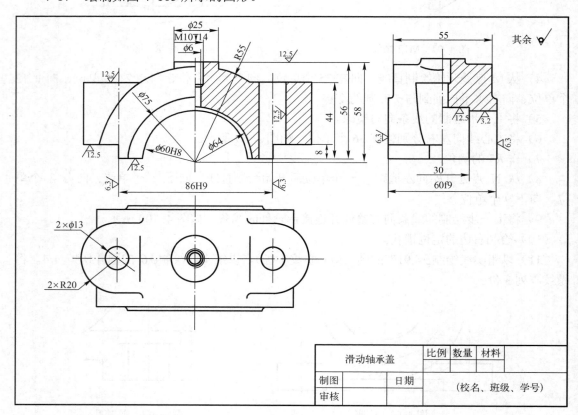

图 4-101　习题 4-13 图形

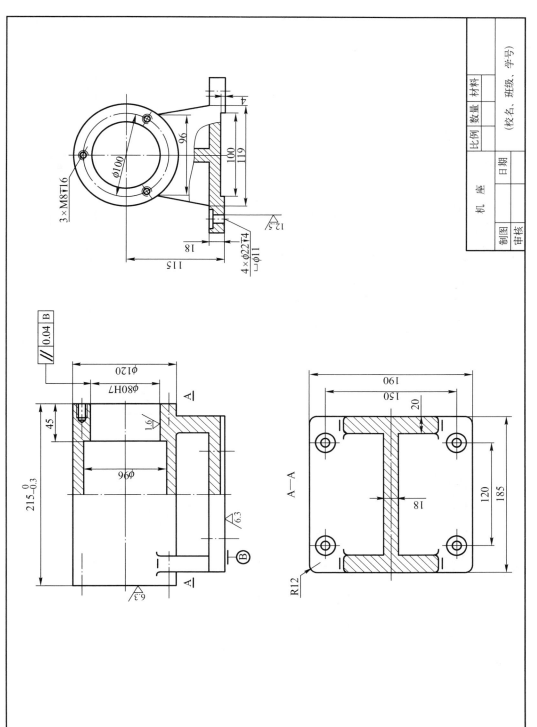

图 4-102　习题 4-14 图形

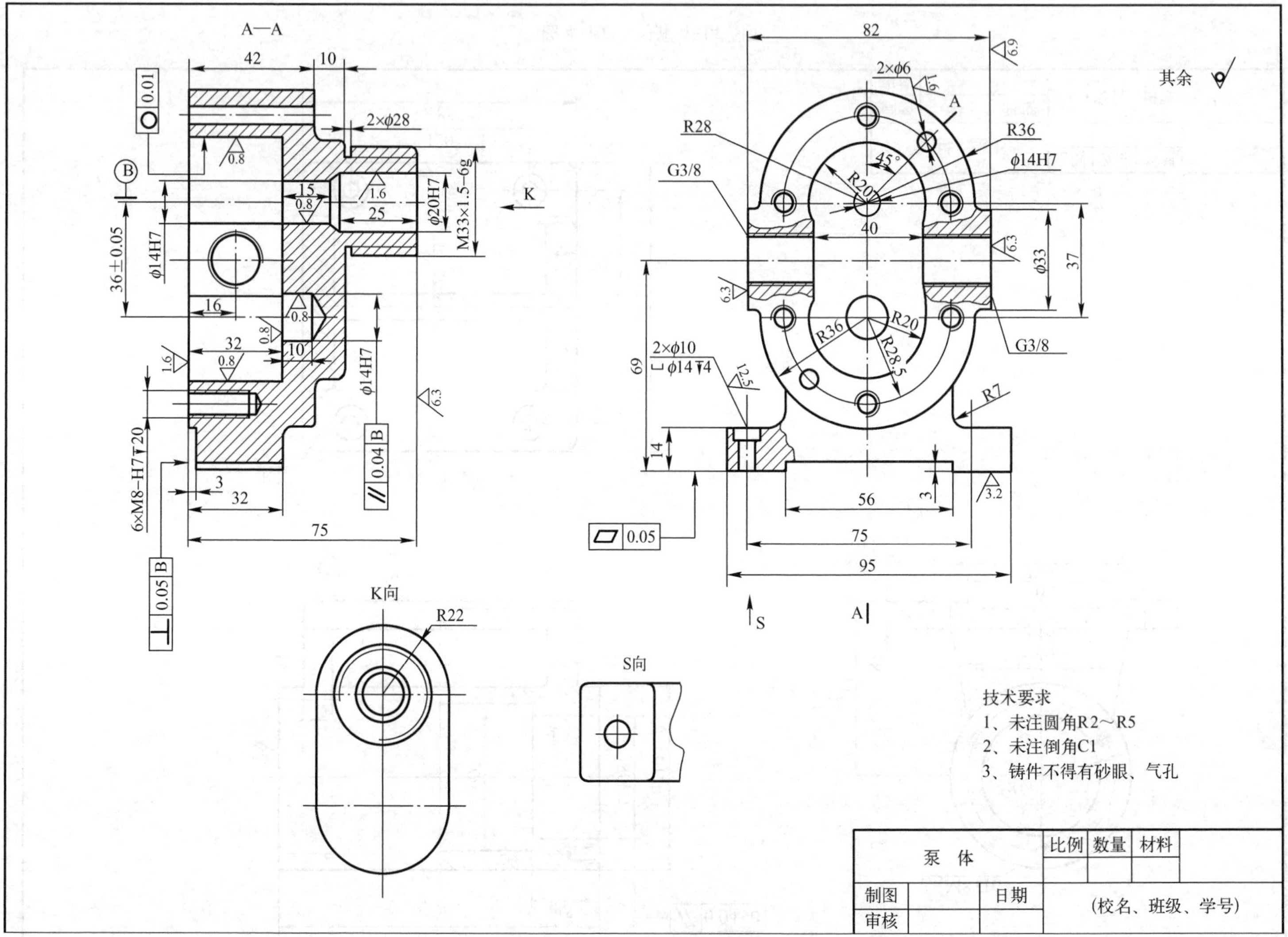

技术要求
1. 未注圆角R2～R5
2. 未注倒角C1
3. 铸件不得有砂眼、气孔

泵 体

制图		日期	
审核			
比例	数量	材料	
(校名、班级、学号)			

图 4-103 习题 4-15 图形

140

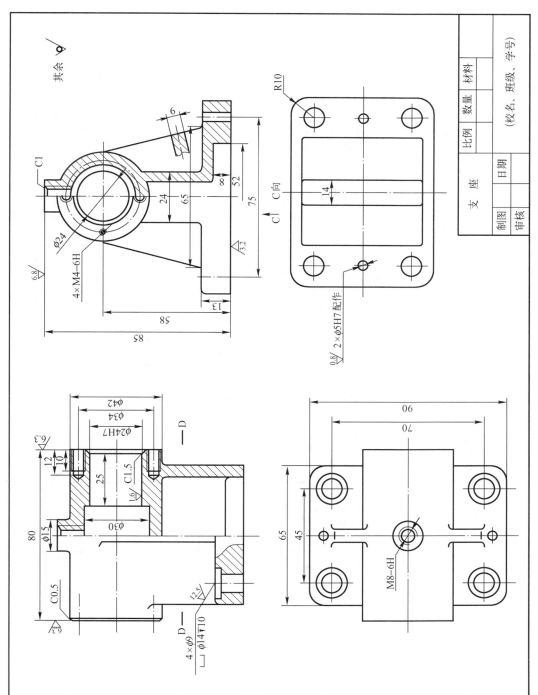

图 4-104 习题 4-16 图形

141

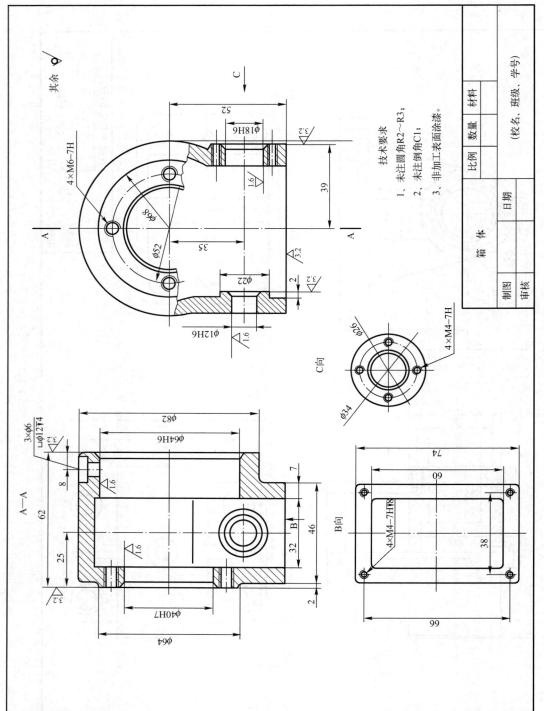

技术要求

1、未注圆角R2~R3；
2、未注倒角C1；
3、非加工表面涂漆。

	材料			
	数量		(校名、班级、学号)
	比例			

箱 体

制图		日期	
审核			

图 4-105　习题 4-17 图形

模块 5　三维实体建模

对于比较复杂的平面图要看清楚其结构是有一定困难的。通过建立三维模型能够方便、直观、一目了然地看清楚其内外结构。

AutoCAD 2013 有比较强大的三维建模功能，可以根据需要创建各式实体。简单实体（长方体、圆柱体、球体）可以直接创建，比较复杂的实体往往是先绘制平面图形（面域）然后再通过拉伸、旋转、扫描、放样、剖切、布尔运算等工具生成或者编辑产生。平面图形只需在一个坐标平面内绘制，三维模型的创建往往需要在多个平面内操作，因此实体建模经常根据需要调整用户坐标系（UCS）才能在不同的平面上创建实体模型。

模块 5 中的实体建模主要在工作空间的"三维建模"中运行。通过对柱塞套、支架、缸体、茶壶、台灯及足球的实体建模讲解，让学生了解实体建模的方法，也为后续的 CAD/CAM 一体化软件（如 UG、Pro/E）的应用打下基础。

项目 5.1　柱塞套建模

5.1.1　项目描述

图 5-1 所示柱塞套的实体模型的平面图为图 4-14。在创建实体的过程中将用到 UCS 坐标、面域、布尔运算、拉伸、旋转、剖切、实体面编辑（面着色）等工具。本项目的重点和难点在于 UCS 坐标调整以及拉伸、旋转工具的运用。

图 5-1 所示柱塞套的实体建模，首先应绘制剖面的上半部分，将其转换成面域后旋转生成实体，然后调整坐标系到相应位置绘制平面图形再旋转或者拉伸生成局部位置的实体，通过布尔差运算产生剖面上的孔及键槽，最后再用剖切工具将实体剖开。我们要注意观察剖切后实体上外圆柱面、内孔及键槽之间相贯线的位置及形状。

通过图 5-1 所示柱塞套实体建模的练习，可熟悉和掌握类似机械零件实体建模的思路和方法。

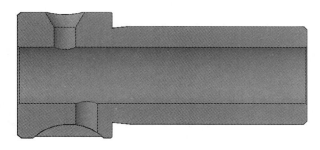

图 5-1　柱塞套

5.1.2　知识准备——UCS 坐标、面域、布尔运算、拉伸、旋转、剖切、实体面

1. UCS 坐标

实体的表达和绘制需要用到笛卡儿坐标系，如图 5-2 所示。在 AutoCAD 中绘制平面图形总是在当前坐标系的 XY 平面中，然而在实体的绘制中常常需要在不同的平面中绘制平面图形，所以就需要经常调整坐标系的原点和 XY 平面的位置。用户坐标系（UCS）很好地解决了这一问题。

图 5-2　笛卡儿坐标系

启动"UCS 坐标"命令的方法如下（注意工作空间为"三维建模"模式）：

- 选择"常用"面板，"坐标"工具栏，"坐标"图标。
- 在命令行中输入"UCS"命令。

启动"UCS"命令后，命令行显示如下信息：

> 命令: UCS
> 当前 UCS 名称: *世界*
> 指定 UCS 的原点或[面(F)/命名(NA)/对象(OB)/上一个(P)/视图(V)/世界(W)/X/Y/Z/Z 轴(ZA)]<世界>:
> 指定 X 轴上的点或 <接受>:
> 指定 XY 平面上的点或 <接受>:

确定用户坐标系新位置的方法有如下选项：

- 指定 UCS 的原点，指定用户坐标系新的原点位置，X 轴方向以及 XY 平面位置。
- 面（F），指定用户坐标系需要移动到的新的面的位置。
- 命名（NA），对当前坐标系命名保存。
- 对象（OB），指定用户坐标系需要移动到的新的对象，用户坐标系将移动到所指定的对象上，坐标原点在对象的一端点上，X 轴与该对象所选线条方向一致。
- 上一个（P），回到上一个用户坐标系的位置。
- 视图（V），坐标系的 XY 平面与当前视图方向一致。
- 世界（W），坐标系将回到世界坐标系，世界坐标系原点位于屏幕左下角，X 方向水平向右。
- X/Y/Z，指定绕 X、Y、Z 轴的旋转角度。
- Z 轴（ZA），指定坐标系的原点和 Z 轴正方向的位置。

调整用户坐标系在不同的位置如图 5-3 所示。

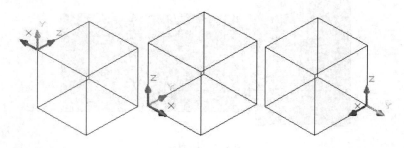

图 5-3　用户坐标系的不同位置

2．面域

面域是用闭合的形状或环创建的二维区域，它是具有物理特性（例如质心）的二维封闭区域。面域可用于：提取设计信息，应用填充和着色，使用布尔操作将简单对象合并到更复杂的对象，对其进行拉伸、旋转等操作以生成实体。

启动"面域"命令的方法如下：

● 选择"绘图"菜单下的"面域"子菜单。

● 选择"常用"面板，"绘图"工具栏，"面域"图标。

● 在命令行中输入"region"命令。

3．布尔运算

布尔运算是指对实体或者面域进行并集（union）、差集（subtract）、交集（intersect）运算。

启动"布尔运算"命令的方法如下：

● 选择菜单"修改"→"实体编辑"→"布尔运算"。

● 选择"常用"面板，"实体编辑"工具栏，"布尔运算"图标。

● 在命令行中输入"union"、"subtract"、"intersect"命令。

下面对三种布尔运算作简单介绍。

● 并集（union）◎，合并两个或两个以上实体（或面域），成为一个复合对象，如图 5-4 所示。

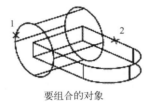

要组合的对象　　　　　　　　结果

图 5-4　并集

● 差集（subtract）◎，从一组实体中删除与另一组实体重叠的公共区域，如图 5-5 所示。

要从中减去的对象　　　选定要减去的对象　　　结果（隐藏线以获得清晰度）

图 5-5　差集

● 交集（intersect）◎，从两个或两个以上重叠实体的公共部分创建复合实体，该命令用于删除非重叠部分，并从公共部分创建复合实体，如图 5-6 所示。

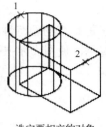

选定要相交的对象   结果

图 5-6   交集

4．拉伸

创建延伸曲线形状的实体或曲面。开放曲线可创建曲面，而闭合曲线可创建实体或曲面。

启动"拉伸"命令的方法如下：

- 选择"常用"面板，"建模"工具栏，"拉伸"图标。
- 在命令行中输入"extrude"命令。

启动"拉伸"命令后，命令行显示如下信息：

```
命令:_extrude
当前线框密度:  ISOLINES=4
选择要拉伸的对象: 找到 1 个
选择要拉伸的对象:
指定拉伸的高度或[方向(D)/路径(P)/倾斜角(T)]:
```

拉伸对象时，可以选择高度、路径、倾斜角、方向 4 个选项：

- 使用"高度"选项，需要输入拉伸高度。
- 使用"路径"选项，可以将对象指定为拉伸的路径。沿选定路径拉伸选定对象的轮廓以创建实体或曲面。为获得最佳效果，建议将路径置于拉伸对象的边界上或边界内。拉伸与扫掠不同，当沿路径拉伸轮廓时，如果路径未与轮廓相交，则路径将被移到轮廓上，然后沿路径扫掠该轮廓。
- 使用"倾斜角"选项，可以进行倾斜拉伸。对于侧面成一定角度的零件来说，倾斜拉伸特别有用，例如铸造车间用来制造金属产品的铸模。
- 使用"方向"选项，可以通过指定两个点来确定拉伸的长度和方向。

【例 5-1】   绘制如图 5-7 所示沿路径拉伸的图形。

图 5-7   沿路径拉伸

1）分别绘制 ϕ10、R10 的圆。

2）从 R10 圆右端象限点开始绘制直线，向右 6 个单位、向下 15 个单位、向左 10 个单位、向上 6 个单位、向左 6 个单位，如图 5-8 所示。

3）将第 2 步绘制的直线向左镜像并修剪 R10 圆的多余部分，如图 5-9 所示。

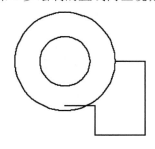

图 5-8 轮廓

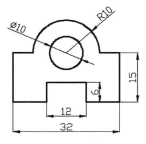

图 5-9 镜像

4）选择面域工具，将第 3 步绘制的轮廓框选转换成两个面域。

5）用布尔差运算，将外轮廓面域减去 φ10 圆的面域。

6）输入用户坐标系 UCS，将坐标系原点移动到图形左下角端点上并将坐标系绕 X 轴旋转 90°，如图 5-10 所示。

7）在当前用户坐标系下绘制 R60 的半圆，如图 5-11 所示。

8）选择拉伸工具，选择轮廓为拉伸对象，R60 的半圆为路径进行拉伸。

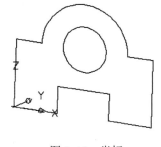

图 5-10 坐标

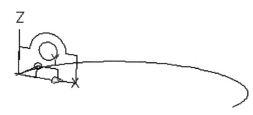

图 5-11 路径

5．旋转

通过绕轴旋转对象来创建实体或曲面。如果旋转闭合对象，则生成实体，如果旋转开放对象，则生成曲面。

启动"旋转"命令的方法如下：

● 选择"常用"面板，"建模"工具栏，"拉伸／旋转"图标。

● 在命令行中输入"revolve"命令。

启动"旋转"命令后，命令行显示如下信息：

```
命令：_revolve
当前线框密度：  ISOLINES=4
选择要旋转的对象：指定对角点：找到 2 个
选择要旋转的对象：
指定轴起点或根据以下选项之一定义轴[对象(O)/X/Y/Z] <对象>：
指定轴端点：
指定旋转角度或[起点角度(ST)] <360>：
```

旋转时有旋转对象、旋转轴、旋转角度 3 个要素，图 5-12 为旋转图例。

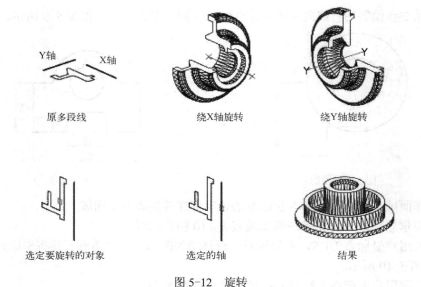

Y轴 X轴		
原多段线	绕X轴旋转	绕Y轴旋转
选定要旋转的对象	选定的轴	结果

图 5-12　旋转

6. 剖切

为了看清实体的内部结构，可以用剖切工具将实体沿一平面剖开，剖开后的实体可以保留两侧或者其中一侧。

启动"剖切"命令的方法如下：

● 选择菜单"修改"→"三维操作"→"剖切"。

● 选择"常用"面板，"实体编辑"工具栏，"剖切"图标。

● 在命令行中输入"slice"命令。

启动"剖切"命令后，命令行显示如下信息：

　　命令：_slice
　　选择要剖切的对象：找到 1 个
　　选择要剖切的对象：
　　指定切面的起点或[平面对象(O)/曲面(S)/Z 轴(Z)/视图(V)/XY(XY)/YZ(YZ)/ZX(ZX)/三点(3)]<三点>：
　　指定平面上的第二个点：
　　在所需的侧面上指定点或[保留两个侧面(B)] <保留两个侧面>：
　　该点不可以在剖切平面上。
　　在所需的侧面上指定点或[保留两个侧面(B)] <保留两个侧面>：

将内孔剖切的效果如图 5-13 所示。

图 5-13　剖切

7．实体面编辑

可以对实体的面进行拉伸面、倾斜面、移动面、复制面、偏移面、删除面、旋转面、着色面等编辑操作。选择"常用"面板，"实体编辑"工具栏里的"实体面编辑"图标（图 5-14），或者"修改"菜单下的"实体编辑"子菜单（图 5-15）均可调出实体面编辑命令。

图 5-14　实体面编辑图标　　　　　　　　图 5-15　"实体编辑"子菜单

下面对实体面编辑作简单介绍。

- 拉伸面　按指定的长度或指定的路径拉伸实体上的面。将图 5-16a 六棱台上表面向上拉伸 40 个单位后的六棱柱如图 5-16b 所示。

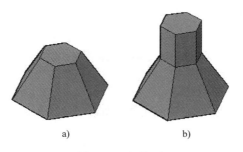

a)　　　　　　　　　　b)

图 5-16　拉伸面

- 倾斜面　将实体上的面倾斜一定角度。
- 移动面　按指定的距离移动实体的指定面。将图 5-17a 中的 A 面由 B 点移动到 C 点如图 5-17b 所示。
- 复制面　将实体上的面复制一份。将图 5-18a 中的 A 面向右复制一份，效果如图 5-18b 所示。

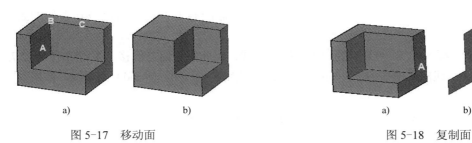

a)　　　　　　　　　　b)　　　　　　　　　　a)　　　　　　b)

图 5-17　移动面　　　　　　　　　　　图 5-18　复制面

- 偏移面 按指定的距离偏移实体的指定面。
- 删除面 删除指定实体上的某个面。将图 5-19a 中的 A 面删除，效果如图 5-19b 所示。
- 旋转面 将实体上的面绕指定轴线旋转。将图 5-20a 中的 A 面旋转 45°，效果如图 5-20b 所示。

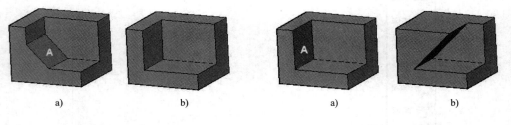

图 5-19 删除面　　　　　　　　　　图 5-20 旋转面

- 着色面 将实体上选定的面着色。

5.1.3 项目实施

1）绘制柱塞套外轮廓及中心线，如图 5-21 所示。

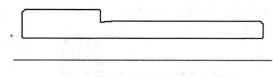

图 5-21 外轮廓线

2）将外轮廓转换为一个面域 ▣。

3）将外轮廓面域沿中心线旋转 ▣ 成实体，如图 5-22 所示。

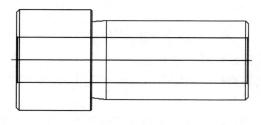

图 5-22 旋转

4）将坐标系（UCS 命令）移动到套筒左端面圆心处，再将当前坐标系移动到（6.5，0，0）处。

5）从坐标（0，0，0）点处向上绘制一直线，将此直线向左偏移 1.5 个单位和 2.75 个单位。再将中心线向上偏移 9 个单位。从交点 A 绘制一条-60°（<-60）的直线，效果如图 5-23 所示。

6）将多余的线条修剪掉并将轮廓转换为一面域 ▣ 如图 5-24。

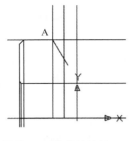

图 5-23　锥孔轮廓线

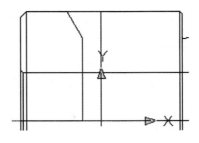

图 5-24　锥孔面域

7）将面域沿 Y 轴旋转 成实体。

8）用布尔差运算 ，从套筒减去锥孔实体，如图 5-25 所示。

9）将坐标系（UCS 命令）右移 3 个单位（3，0，0），从坐标点（0，0，0）处向下绘制一直线，将此直线向右偏移 1.5 个单位，连接直线封口，如图 5-26 所示。

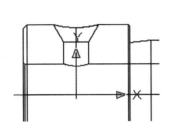

图 5-25　锥孔布尔差

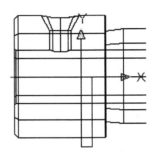

图 5-26　圆孔面域

10）将上一步的轮廓转换为面域，将面域旋转成实体，用布尔差运算 ，从套筒减去圆孔实体，如图 5-27 所示。

11）将坐标系（UCS 命令）左移 2.5 个单位（-2.5，0，0），从坐标点（0，0，0）处向下绘制长度为 15 的直线，以直线的端点为圆心绘制 ϕ14 的圆，如图 5-28 所示。

12）将 ϕ14 的圆拉伸 成高度为 4 个单位的圆柱，再将圆柱移动（@0，0，-2）。

13）用布尔差运算 ，从套筒减去圆柱，如图 5-29 所示。

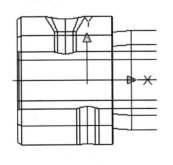

图 5-27　圆孔布尔差

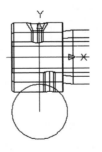

图 5-28　圆

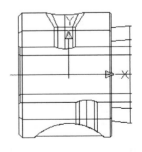

图 5-29　圆孔布尔差

14）用剖切工具 ，将套筒沿 XY 平面剖开，并去掉前面部分。

15）对剖切面进行面着色 ，最后效果如图 5-1 所示。

5.1.4 项目拓展——三维点和线、曲面、基本体建模、台灯建模

1. 绘制三维点和线

1）绘制三维点。在屏幕上指定点或者在命令行中输入点的三维坐标值都可以绘制三维点。

2）绘制三维直线。在三维空间指定点或者输入三维坐标点后将生成三维直线，图 5-30 是三维空间直线。

3）绘制三维样条曲线。绘制样条曲线时也可以绘制三维样条曲线，例如输入点（0，0，0）、（@10，10，10）、（@-20，0，20）、（@30，-10，30）得到的样条曲线如图 5-31 所示。

4）绘制三维螺旋线。选择绘图菜单下的"螺旋"子菜单，指定底面的中心点、指定底面半径、指定顶面半径、指定螺旋高度就可以绘制三维螺旋线，如图 5-32 所示。

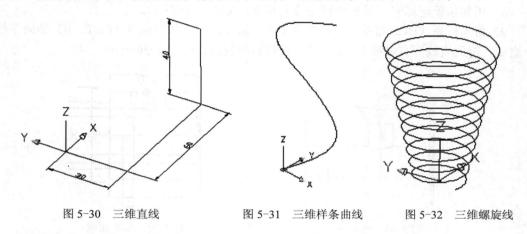

图 5-30　三维直线　　　　图 5-31　三维样条曲线　　　　图 5-32　三维螺旋线

2. 绘制曲面

（1）绘制平面曲面

选择"曲面"选项卡、"创建"面板、"平面"图标，可以创建平面曲面或将对象转换为平面曲面。通过指定两对角点创建平面曲面，或者选择"对象(O)"将圆转换为平面曲面，如图 5-33 所示。

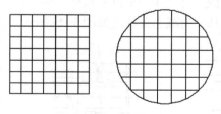

图 5-33　平面曲面

（2）绘制三维网格

选择"曲面"选项卡、"创建"面板、"网格"图标，可以绘制三维网格。三维网格的绘制是由给定 U 方向上的网格数量、V 方向上的网格数量以及各个顶点的位置来确定的。

（3）绘制旋转网格

旋转网格是将曲线绕旋转轴旋转一定角度而形成的曲面。选择"绘图→建模→网格→旋转网格（revsurf）"菜单，可以绘制旋转网格。旋转方向和轴向的分段数由 SURFTAB1、

SURFTAB2 的数值确定，值越高越光滑。绘制旋转网格时，先选择旋转对象和旋转轴，再指定旋转角度，旋转网格如图 5-34 所示。

（4）绘制平移网格

平移网格是将曲线沿矢量方向平移构成的曲面。选择"绘图→建模→网格→平移网格（tabsurf）"菜单，可以绘制平移网格。平移网格的分段数由 SURFTAB1 的数值确定，值越高越光滑。绘制平移网格时，先选择用作轮廓曲线的对象，再选择用作方向矢量的对象，平移网格如图 5-35 所示。

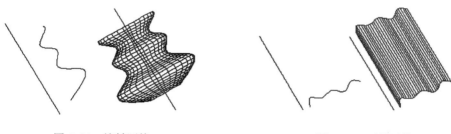

图 5-34　旋转网格　　　　　　　　　　　图 5-35　平移网格

（5）绘制直纹网格

直纹网格是指在两条曲线之间构成的曲面。选择"绘图→建模/→网格→直纹网格（rulesurf）"菜单，可以绘制直纹网格。直纹网格的分段数由 SURFTAB1 的数值确定，值越高越光滑。绘制直纹网格时，先选择第一条定义曲线，再选择第二条定义曲线，直纹网格如图 5-36 所示。

（6）绘制边界网格

边界网格是用 4 条首尾相连的边线构成的曲面。选择"绘图→建模→网格→边界网格（edgesurf）"菜单，可以绘制边界网格。边界网格的分段数由 SURFTAB1、SURFTAB2 的数值确定，值越高越光滑。绘制边界网格时，依次选择曲面边界的对象 1、曲面边界的对象 2、曲面边界的对象 3、曲面边界的对象 4，边界网格如图 5-37 所示。

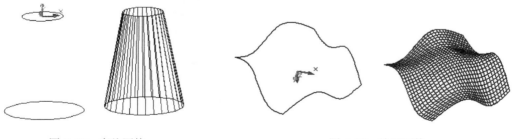

图 5-36　直纹网格　　　　　　　　　　　图 5-37　边界网格

3．基本体建模

基本体建模是创建最基础的实体，包含长方体、圆柱体、圆锥体、球体、棱锥体、楔体、圆环体。

（1）长方体

选择"常用"选项卡、"建模"面板、"长方体"图标，可以绘制长方体。绘制长方体时可以选择底面对角点及高度，底面中心及高度、边长等多种方式，长方体如图 5-38 所示。

（2）圆柱体

选择"常用"选项卡、"建模"面板、"圆柱体"图标，可以绘制圆柱体。绘制圆柱体时先选确定底面圆再确定圆锥高度。底面圆的绘制可以有圆心半径、3 点、2 点、相切相切半径、椭圆等多种方式，圆柱体如图 5-39 所示。

（3）圆锥体

选择"常用"选项卡、"建模"面板、"圆锥体"图标，可以绘制圆锥体。

启动"圆锥体"命令后，命令行显示如下信息：

命令: _cone
指定底面的中心点或[三点(3P)/两点(2P)/相切、相切、半径(T)/椭圆(E)]:
指定底面半径或[直径(D)]:
指定高度或[两点(2P)/轴端点(A)/顶面半径(T)] <228.2844>:

绘制圆锥体时先选确定底面圆再确定圆锥高度。底面圆的绘制可以有圆心半径、3 点、2 点、相切相切半径、椭圆等多种方式，圆锥体如图 5-40 所示。

图 5-38　长方体　　　　图 5-39　圆柱体　　　　图 5-40　圆锥体

（4）球体

选择"常用"选项卡、"建模"面板、"球体"图标，可以绘制球体。绘制球体可以选择球心半径、3 点、2 点和相切相切半径等多种方式。球体线框的密度可以通过改变 isolines 变量来实现，球体如图 5-41 所示。

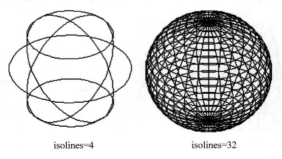

isolines=4　　　　　　　isolines=32

图 5-41　球体

（5）棱锥体

选择"常用"选项卡、"建模"面板、"棱锥体"图标，可以绘制棱锥体。

启动"棱锥体"命令后，命令行显示如下信息：

命令: _pyramid
4 个侧面　外切

指定底面的中心点或[边(E)/侧面(S)]:
指定底面半径或[内接(I)] <155.9431>:
指定高度或[两点(2P)/轴端点(A)/顶面半径(T)] <250.6546>:

棱锥体通过底面中心、底面半径和高度确定。如果指定顶面半径（T）则可以绘制棱台，棱锥体和棱台如图 5-42 所示。

（6）楔体

选择"常用"选项卡、"建模"面板、"楔体"图标，可以绘制楔体。绘制楔体与绘制长方体的方式比较类似，一般是先确定底面再确定高度。楔体如图 5-43 所示。

（7）圆环体

选择"常用"选项卡、"建模"面板、"圆环体"图标，可以绘制圆环体。

启动"圆环体"命令后，命令行显示如下信息：

命令：_torus
指定中心点或[三点(3P)/两点(2P)/相切、相切、半径(T)]:
指定半径或[直径(D)] <79.8191>:
指定圆管半径或[两点(2P)/直径(D)]:

确定圆环体的顺序为圆环体中心、圆环体半径、圆管半径，圆环体如图 5-44 所示。

   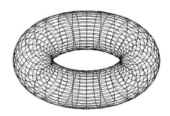

　　图 5-42　棱锥体和棱台　　　　　　图 5-43　楔体　　　　图 5-44　圆环体

4. 台灯建模（选择"三维建模"工作空间绘制图 5-45 的台灯）

（1）绘制灯座

1）底座　绘制底面直径 150、高度 30 的圆柱，对上边缘倒 $R10$ 的圆角，如图 5-46 所示。

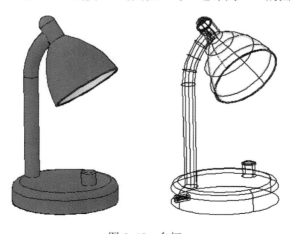

图 5-45　台灯

2）开关按钮　将坐标（UCS 命令）系移动到底座底面中心，以（40，0，30）为底面中心绘制直径 20、高度 25 的圆柱，将圆柱上边缘倒 R2 的圆角，如图 5-47 所示。

3）电线孔　将坐标系（UCS 命令）沿 Y 轴转 90°，以点（-15、0、0）为圆心分别绘制 ϕ5、ϕ10 的圆，将两个圆转换成面域 并做布尔差 运算形成一个圆环，将此圆环拉伸 20 个长度成一个圆柱孔，将此圆柱孔沿 Z 轴负方向移动 80 个单位，如图 5-48 所示。

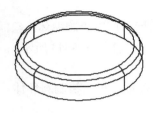

图 5-46　底座

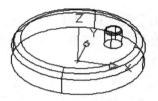

图 5-47　开关

（2）绘制灯杆

1）将坐标系（UCS 命令）移动到底座的上表面圆心处，绕 Z 轴转 90°，再绕 Y 轴转 90°，如图 5-49 所示。

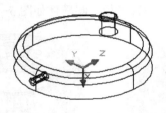

图 5-48　线孔

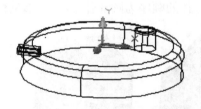

图 5-49　坐标系

2）从点（-55，0，0）处向上绘制长度 150 的直线，再绘制 ϕ160 的圆和 60° 的直线，如图 5-50 所示。

3）修剪圆（保留 60° 的圆弧部分）并将圆弧和长度为 150 的直线转换为多段线（pedit 命令）。

4）将坐标系（UCS 命令）绕 X 轴转 90°，以 A 点为圆心绘制 ϕ20 的圆，如图 5-51 所示。

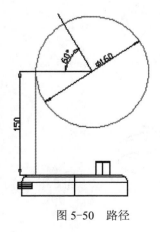

图 5-50　路径

图 5-51　支撑杆底部圆

5）将 φ20 的圆沿多段线路径拉伸，如图 5-52 所示。

（3）绘制灯筒

1）将坐标系（UCS 命令）绕 X 轴转 90°。

2）绘制图 5-53 灯头轮廓，将此轮廓转换成一面域 ，将此面域旋转 成实体。

3）对灯头实体进行抽壳 ，设置抽壳厚度为 2，对灯头外口边缘倒角 R1，如图 5-54 所示。

4）新建一个蓝色图层，将台灯所有对象转换到蓝色图层上。对灯头内表面着白色 ，效果如图 5-54 所示。

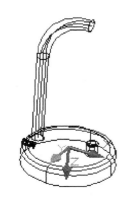

图 5-52　拉伸支撑杆

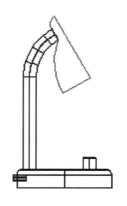

图 5-53　灯头轮廓

图 5-54　灯头抽壳

5.1.5　练习题

5-1　绘制如图 5-55 所示的立体模型。

5-2　绘制如图 5-56 所示的立体模型。

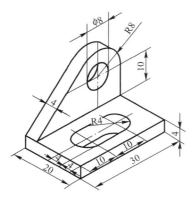

图 5-55　习题 5-1 图形

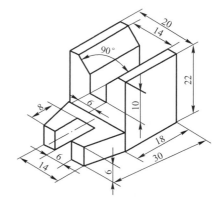

图 5-56　习题 5-2 图形

5-3　绘制如图 5-57 所示的立体模型。

5-4　绘制如图 5-58 所示的立体模型。

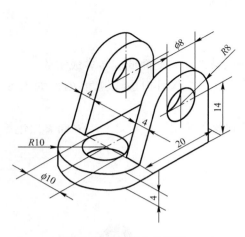

图 5-57 习题 5-3 图形

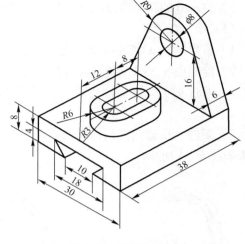

图 5-58 习题 5-4 图形

5-5 绘制如图 5-59 所示的立体模型。

5-6 绘制如图 5-60 所示的立体模型。

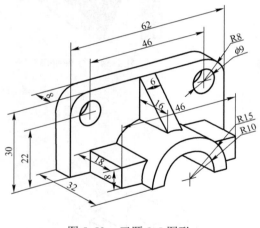

图 5-59 习题 5-5 图形

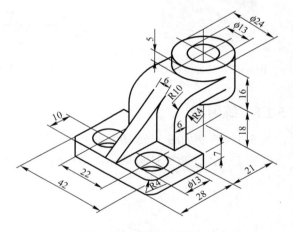

图 5-60 习题 5-6 图形

项目 5.2 支架建模

5.2.1 项目描述

图 5-61 的支架实体模型的平面图为图 4-51。在创建实体的过程中将用到 UCS 坐标、面域、布尔运算、拉伸、放样等工具。本项目的重点和难点在于 UCS 坐标调整及放样工具的运用。

图 5-61 支架的实体建模，上面部分通过调坐标、拉伸、布尔差运算的方法产生，底座部分通过拉伸、布尔差运算的方法产生，中间连接部分通过放样的方法产生。

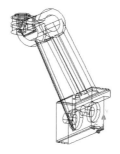

图 5-61　支架

通过图 5-61 支架实体建模的练习，可熟悉和掌握类似机械零件实体建模的思路和方法。

5.2.2　知识准备——倒角边、圆角边、三维镜像、放样

1. 倒角边

倒角边操作是为实体对象的边线建立倒角。可以选择多条边，然后输入倒角距离来确定倒角大小。

启动"倒角边"命令的方法如下：

- 选择"实体"面板，"实体编辑"工具栏，"倒角边"图标。
- 在命令行中输入"CHAMFEREDGE"命令。

启动"CHAMFEREDGE"命令后，命令行显示如下信息：

　　命令: _CHAMFEREDGE 距离 1 = 10.0000，距离 2 = 10.0000
　　选择一条边或[环(L)/距离(D)]：
　　选择同一个面上的其他边或[环(L)/距离(D)]：
　　选择同一个面上的其他边或[环(L)/距离(D)]：
　　按 Enter 键接受倒角或[距离(D)]：

下面对倒角边命令中涉及的边、链、环、距离作简单说明。

- 选择边，指定同一实体面上要进行倒角的一个或多个边。
- 环，选择实体上的一个边后，系统会自动搜寻一个包含这个边所在面上的封闭边线组成的环。对于实体上的任何一个边，都有两个相交的面，系统会默认选择其中一个面上的环（选中后用虚线表示）。如果要选择的是系统默认的环就输入"A"接受，如果要选择的不是系统默认的环而是相邻面上的环就输入"N"，选择相邻面上另外一个环。
- 距离，指定倒角的两个距离值。

图 5-62 所示为一个边长 100 的正方体三个边倒角距离 10 后的效果。

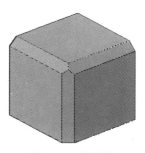

图 5-62　倒角边

2．圆角边

圆角边操作是为实体对象的边线建立圆角。可以选择多条边，然后输入圆角半径值或单击并拖动圆角夹点来确定圆角大小。

启动"圆角边"命令的方法如下：

- 选择"实体"面板，"实体编辑"工具栏，"圆角边"图标。
- 在命令行中输入"FILLETEDGE"命令。

启动"圆边角"命令后，命令行显示如下信息：

```
命令: _FILLETEDGE
半径 = 1.0000
选择边或[链(C)/环(L)/半径(R)]:
选择边或[链(C)/环(L)/半径(R)]:
选择边或[链(C)/环(L)/半径(R)]:
选择边或[链(C)/环(L)/半径(R)]:
已选定 3 个边用于圆角。
按 Enter 键接受圆角或[半径(R)]:r
指定半径或[表达式(E)] <1.0000>: 10
按 Enter 键接受圆角或[半径(R)]:
```

下面对圆角边命令中涉及的边、链、环、半径作简单说明。

- 选择边，指定同一实体上要进行圆角的一个或多个边。按 Enter 键后，可以拖动圆角夹点来指定半径，也可以使用"半径"选项。
- 链，指多条相互连接的边组成的链。
- 环，选择实体上的一个边后，系统会自动搜寻一个包含这个边所在面上的封闭边线组成的环。对于实体上的任何一个边，都有两个相交的面，系统会默认选择其中一个面上的环（选中后用虚线表示）。如果要选择的是系统默认的环就输入"A"接受，如果要选择的不是系统默认的环而是相邻面上的环就输入"N"，选择相邻面上另外一个环。
- 半径，指定半径值。

图 5-63 所示为一个边长 100 的正方体三个边倒圆角半径 10 后的效果。

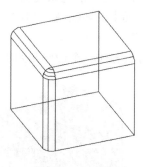

图 5-63　圆角边

3．三维镜像

三维镜像是创建选定三维对象的镜像副本。可以通过指定三个点、对象、视图或者某个坐标平面来指定镜像平面。

启动"三维镜像"命令的方法如下：

● 选择菜单"修改"→"三维操作"→"三维镜像"。

● 选择"实体"面板，"修改"工具栏，"三维镜像"图标。

● 在命令行中输入"mirror3d"命令。

启动"三维镜像"命令后，命令行显示如下信息：

命令: _mirror3d
选择对象: 找到 1 个
选择对象:
指定镜像平面 (三点) 的第一个点或
[对象(O)/最近的(L)/Z 轴(Z)/视图(V)/XY 平面(XY)/YZ 平面(YZ)/ZX 平面(ZX)/三点(3)] <三点>:
在镜像平面上指定第二点: 在镜像平面上指定第三点:
是否删除源对象? [是(Y)/否(N)] <否>:

图 5-64 是将对象 1 沿着 2、3、4 点所在的平面镜像的效果。

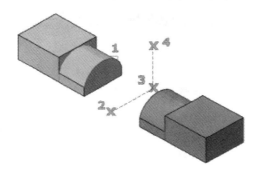

图 5-64　三维镜像

4．放样

放样是在若干（至少两个）横截面之间的空间中创建三维实体或曲面。

启动"放样"命令的方法如下：

● 选择"常用"面板，"建模"工具栏，"拉伸/放样"图标。

● 在命令行中输入"loft"命令。

启动"放样"命令后，命令行显示如下信息：

命令: _loft
当前线框密度: ISOLINES=4，闭合轮廓创建模式=实体
按放样次序选择横截面或[点(PO)/合并多条边(J)/模式(MO)]: _MO 闭合轮廓创建模式[实体(SO)/曲面(SU)] <实体>: _SO
按放样次序选择横截面或[点(PO)/合并多条边(J)/模式(MO)]: 找到 1 个
按放样次序选择横截面或[点(PO)/合并多条边(J)/模式(MO)]: 找到 1 个，总计 2 个
按放样次序选择横截面或[点(PO)/合并多条边(J)/模式(MO)]:
选中了 2 个横截面
输入选项[导向(G)/路径(P)/仅横截面(C)/设置(S)] <仅横截面>:

其中的"导向(G)/路径(P)/仅横截面(C)/设置(S)"简单介绍如下:

● 导向(G) 使用导向曲线控制放样,每条导向曲线必须与每一个截面相交,并且始于第一个截面,结束于最后一个截面,如图 5-65 所示。

● 路径(P) 使用路径曲线控制放样,该路径必须与全部或部分截面相交,如图 5-66 所示。

● 仅横截面(C) 在不使用导向或路径的情况下,创建放样对象。

● 设置(S) 显示"放样设置"对话框如图 5-67 所示。

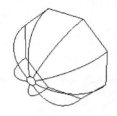 

图 5-65 导向放样

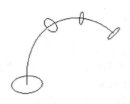 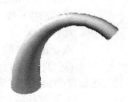

图 5-66 路径放样

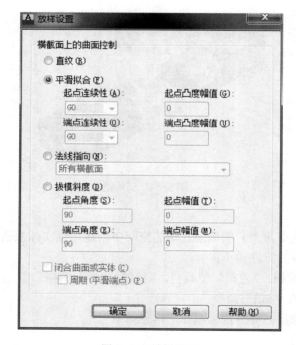

图 5-67 放样设置

5.2.3 项目实施

选择"三维建模"工作空间。

1) 绘制 $\phi20$、$\phi35$ 的圆并拉伸 50 个单位,如图 5-68 所示。

2) 在圆柱的两端面圆心处绘制一条直线,将坐标系(UCS 命令)移动到直线的中点位置,如图 5-69 所示,将当前坐标系(UCS 命令)移动到(-9,25,0)处,再绕 Y 轴转 90°,如图 5-70 所示。

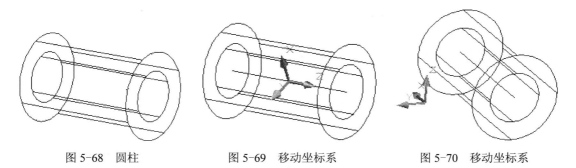

图 5-68　圆柱　　　　　　图 5-69　移动坐标系　　　　　图 5-70　移动坐标系

3）在坐标原点处绘制 $R13$ 的圆，从该圆的象限点 A 处绘制 26×14 的矩形（@26，-14），如图 5-71 所示。

4）将上一步的图形修剪，转换成面域，再拉伸 18 个单位的高度，如图 5-72 所示。

5）在原点处绘制 $\phi 18$ 的圆，拉伸 21 个单位，如图 5-73 所示。

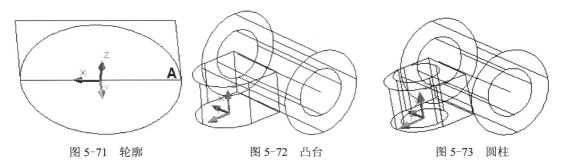

图 5-71　轮廓　　　　　　　图 5-72　凸台　　　　　　　图 5-73　圆柱

6）将第 1 步 $\phi 35$ 的圆柱，第 4 步的拉伸实体，第 5 步 $\phi 18$ 的圆柱做布尔并运算⬭，如图 5-74 所示。

7）将坐标系沿 Z 轴移动 7.5 个单位。

8）在当前坐标系下绘制 39×60 的矩形▱，输入矩形角点坐标（30，-25）、（-30，14），将矩形向上拉伸 3 个单位如图 5-75 所示。做布尔差运算⬭，将前面的并集实体减去拉伸的矩形。

9）在当前坐标系下绘制 $\phi 11$ 的圆，向上拉伸 20 个单位，做布尔差运算⬭，将前面的差集实体减去拉伸的圆柱，如图 5-76 所示。

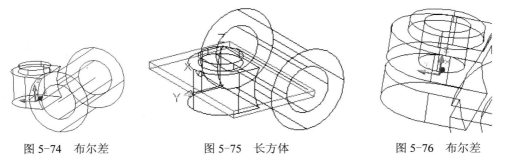

图 5-74　布尔差　　　　　　图 5-75　长方体　　　　　　图 5-76　布尔差

10）在当前坐标系下绘制 $\phi 8.376$ 的圆（M10 螺纹小径），向下拉伸 10 个单位，做布尔差运算⬭，将前面的差集实体减去拉伸的圆柱，如图 5-77 所示。

11）将坐标系移动到圆柱中心线中点处并绕 Y 轴转 90°，再移动到当前坐标系的（125，-60，0）处，如图 5-78 所示。

12）绘制如图 5-79 所示的轮廓，将轮廓转换为面域，将面域拉伸 82 个单位。

图 5-77　布尔差　　　　　　　　图 5-78　调坐标系　　　　　　　　图 5-79　面域

13）在 φ35 的圆柱的轴心中点处绘制 φ35 的圆，将上部实体隐藏，如图 5-80 所示。

14）从 A 点向上延伸 4 个单位为起点开始绘制直线，直线的另一端和 φ35 的圆相切，如图 5-81 所示。

15）从 φ35 的圆心处向左绘制一条中心线，将中心线向上偏移 7 个单位，偏移的中心线和圆相交于 B 点。从 C 点向右追踪 5 个单位为起点开始绘制直线，直线的另一端为交点 B，如图 5-82 所示。

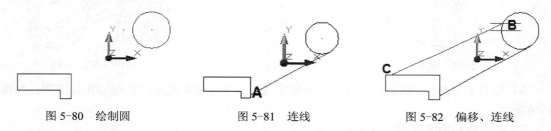

图 5-80　绘制圆　　　　　　　　图 5-81　连线　　　　　　　　图 5-82　偏移、连线

16）将坐标系移动到 D 点，X 轴指向 B 点，再绕 X 轴转 90°，如图 5-83 所示。

17）连接直线 BD，从 D 点处开始绘制直线，沿 Y 轴方向 20 个单位到 E 点，沿 X 轴方向 6 个单位到 F 点，沿 Y 轴负方向 16 个单位，沿 X 轴方向追踪到 B 点的正交点 H，再回到 B 点。将上面的线条转换为多段线（pe），如图 5-84 所示。

18）隐藏底部实体，将坐标系移动到 A 点，连接 AC 直线，如图 5-85 所示。

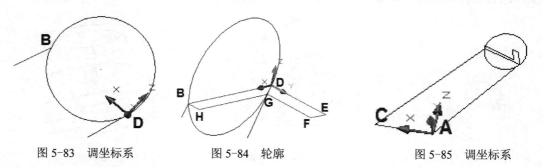

图 5-83　调坐标系　　　　　　　图 5-84　轮廓　　　　　　　　图 5-85　调坐标系

19）按第 17 步的方法绘制图 5-86 所示的轮廓并转换为多段线（pe）。

20）运用放样工具 ，选择第 17 步和第 19 步的面域作为横截面，选择直线 BC 为路径，放样的效果如图 5-87 所示。

21）将放样的实体镜像⚪，镜像后的效果如图 5-88 所示。

图 5-86　轮廓　　　　　　　　图 5-87　放样　　　　　　　　图 5-88　镜像

22）将前面隐藏的对象全部取消隐藏，将底座从端点移动到中点位置，如图 5-89 所示。

23）将上部实体、底座和中间连接体做布尔并运算⚪，再从并集实体中减去⚪ $\phi20$ 的圆柱孔，如图 5-90 所示。

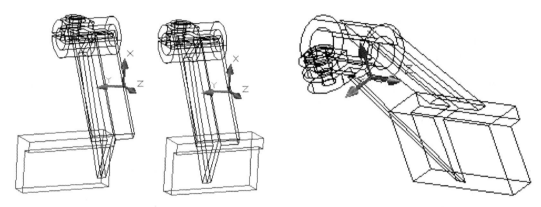

图 5-89　移动底部　　　　　　　　　　　图 5-90　布尔运算

24）将坐标系（UCS 命令）移动到底座顶点上，调整 XY 平面如图 5-91 所示。

25）以点（21，25）为圆心绘制 $\phi12$、$\phi24$ 的圆，将 $\phi12$ 的圆拉伸⚪16 个单位、将 $\phi24$ 的圆拉伸 4 个单位，再将拉伸的两个圆柱做镜像，如图 5-92 所示。

26）做布尔差运算⚪，从前面的实体里面减去上一步拉伸的圆柱，如图 5-93 所示。

27）对相应的位置进行圆角，最后效果如图 5-61 所示。

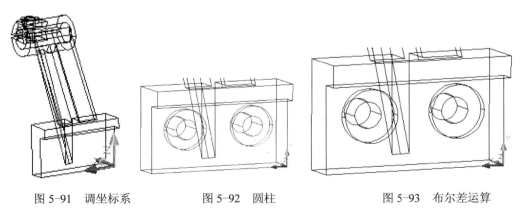

图 5-91　调坐标系　　　　　图 5-92　圆柱　　　　　　图 5-93　布尔差运算

5.2.4 项目拓展——扫掠、截面、压印、抽壳、茶壶建模

1．扫掠

通过沿路径扫掠平面曲线（轮廓）来创建新实体或曲面。如果沿一条路径扫掠闭合的曲线，则生成实体，如果沿一条路径扫掠开放的曲线，则生成曲面。

启动"扫掠"命令的方法如下：

● 选择"常用"面板，"建模"工具栏，"拉伸/扫掠"图标。

● 在命令行中输入"sweep"命令。

启动"扫掠"命令后，命令行显示如下信息：

> 命令: _sweep
> 当前线框密度: ISOLINES=4，闭合轮廓创建模式 = 实体
> 选择要扫掠的对象或[模式(MO)]: _MO 闭合轮廓创建模式 [实体(SO)/曲面(SU)] <实体>: _SO
> 选择要扫掠的对象或[模式(MO)]: 找到 1 个
> 选择要扫掠的对象或[模式(MO)]:
> 选择扫掠路径或[对齐(A)/基点(B)/比例(S)/扭曲(T)]:

扫掠时，扫掠对象与扫掠路径不能在同一个平面上，应该调整 UCS 坐标在不同的平面上绘制。沿路径扫掠轮廓时，轮廓将被移动并与路径垂直对齐，然后沿路径扫掠该轮廓。沿路径扫掠轮廓时，轮廓被移动并与路径垂直对齐，然后沿路径扫掠该轮廓。对圆进行螺旋路径扫掠效果如图 5-94 所示。

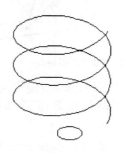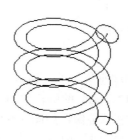

图 5-94　螺旋路径扫掠

2．截面

应用截面工具可创建三维实体、曲面和网格的截面（剖面）。

启动"截面"命令的方法如下：

● 选择"实体"面板，"截面"工具栏，"截面"图标。

● 在命令行中输入"sectionplane"命令。

启动"截面"命令后，命令行显示如下信息：

> 命令: _sectionplane
> 选择面或任意点以定位截面线或[绘制截面(D)/正交(O)]:
> 指定通过点:

下面对截面命令中的选项作简单介绍：

● 用来定位截面线的面或任意点，指定用于建立截面所在平面。此外，可以选择屏幕

上位于面外的任意点以创建独立于实体或曲面的截面。

- 指定通过点，设置用于定义截面所在平面的第二个点。
- 绘制截面，定义具有多个点的截面以创建带有折弯的截面线。该选项将创建处于"截面边界"状态的截面，并且活动截面会关闭。
- 正交，将截面与相对于 UCS 坐标的正交方向对齐。包含所有三维对象的截面是通过相对于 UCS 坐标（而非当前视图）的指定方向创建的。该选项将创建处于"截面边界"状态的截面，并且活动截面会打开。

截面工具仅仅创建截面的平面位置，根据需要还应该对截面进行进一步的活动截面、添加折弯、生成截面、截面平面设置等操作。

- 活动截面（LIVESECTION 命令），打开选定截面对象的活动截面，如图 5-95 所示。
- 添加折弯（SECTIONPLANEJOG 命令），将折弯线段添加至截面对象，相当于阶梯剖面。
- 生成截面（SECTIONPLANETOBLOCK 命令），将选定对象沿截面平面生成二维或三维图形。
- 截面平面设置（SECTIONPLANESETTINGS），设置选定截面平面的显示选项。

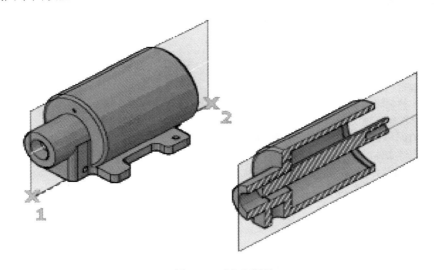

图 5-95　活动截面

3. 压印

压印是将平面或者实体压印到与其相交的实体上并留下相交处的表面轮廓。

启动"压印"命令的方法如下：

- 选择菜单"修改"→"实体编辑"→"压印边"。
- 选择"实体"面板，"实体编辑"工具栏，"压印"图标。
- 在命令行中输入"imprint"命令。

输入"压印"命令时，命令行有如下显示：

```
命令: _imprint
选择三维实体:
```

选择要压印的对象:
是否删除源对象[是(Y)/否(N)] <N>: y

将圆环体压印到与其相交的长方体的上表面得到一圆环,如图 5-96 所示。

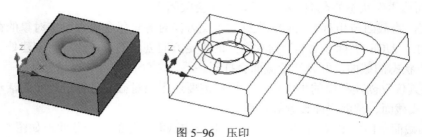

图 5-96　压印

4. 抽壳

抽壳可以从实体对象中以指定的厚度创建中空的壳体。

启动"抽壳"命令的方法如下:

● 选择菜单"修改"→"实体编辑"→"抽壳"。

● 选择"实体"面板,"实体编辑"工具栏,"抽壳"图标。

● 在命令行中输入"solidedit"命令。

启动"抽壳"命令后,命令行显示如下信息:

命令: _solidedit
实体编辑自动检查:　SOLIDCHECK=1
输入实体编辑选项[面(F)/边(E)/体(B)/放弃(U)/退出(X)] <退出>: _body
输入体编辑选项
[压印(I)/分割实体(P)/抽壳(S)/清除(L)/检查(C)/放弃(U)/退出(X)] <退出>: _shell
选择三维实体:
删除面或[放弃(U)/添加(A)/全部(ALL)]: 找到一个面,已删除 1 个。
输入抽壳偏移距离: 2
已开始实体校验。
已完成实体校验。

抽壳时删除的面作为开口面。

【例 5-2】　绘制如图 5-97 所示的壳体。

图 5-97　壳体

1)绘制 $\phi50$ 的圆并绘制圆的中心线,如图 5-98 所示。

2)将水平中心线向上下分别偏移 40、10 个单位并修剪多余的线条,如图 5-99 所示。

3)将第 2 步绘制的轮廓旋转 📷 成实体,如图 5-100 所示。

4）将旋转后的实体抽壳 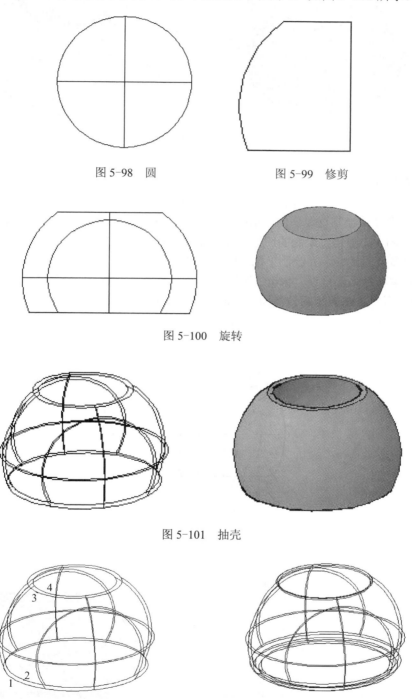，抽壳的壁厚为 2 个单位，选择上表面为删除面，如图 5-101 所示。

5）倒圆角，1、2 处圆角半径为 6，3、4 处圆角半径为 1，如图 5-102 所示。

图 5-98　圆　　　　　　　　　　　图 5-99　修剪

图 5-100　旋转

图 5-101　抽壳

图 5-102　圆角

5. 茶壶建模（选择"三维建模"工作空间绘制图 5-103 的茶壶）

图 5-103　茶壶模型

（1）绘制茶壶体

1）绘制中心线以及 ϕ120 的圆。

2）将中心线向上、下分别偏移 45、30 个单位。

3）从 A 点开始绘制直线，向右追踪 4 个单位，向下 5 个单位、向右 6 个单位。

4）绘制 R10 的圆角，绘制的图形如图 5-104 所示。

5）修剪多余的线条，并绘制上部 R1－R2 的圆角。

6）将轮廓转换为多段线（pedit 命令），将多段线向外偏移 2 个单位，补上线条使其内外轮廓封闭，再将封闭的轮廓转换为一个面域 ⬚，如图 5-105 所示。

7）将轮廓面域旋转 ⬚，如图 5-106 所示。

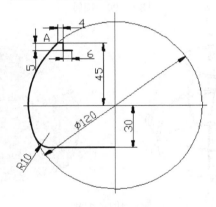

图 5-104　轮廓

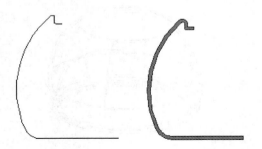

图 5-105　多段线及面域

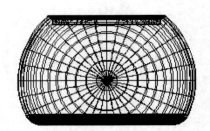

图 5-106　旋转面域

（2）绘制茶壶嘴

1）绘制茶壶嘴路径，如图 5-107 所示。

2）将壶体对象隐藏。

3）将坐标系（UCS 命令）移动到 A 点处并绕 Y 轴旋转 90°，在当前坐标系下以 A 点为圆心绘制 $\phi20$ 的圆，如图 5-108 所示。

4）将坐标系（UCS 命令）移动到 B 点处并绕 X 轴旋转 90°，在当前坐标系下以 B 点为圆心绘制 $\phi10$ 的圆，如图 5-109 所示。

5）选择放样工具 📐，分别选择 $\phi10$、$\phi20$ 的圆作为截面后再选择路径，放样如图 5-110 所示。

6）用同样的路径和方法（绘制 $\phi16$、$\phi8$ 的圆），放样另外一个小的茶壶嘴（作为茶壶嘴内壁）。

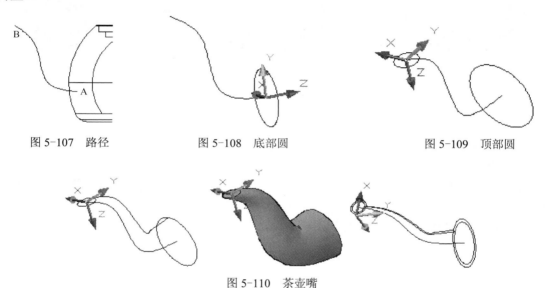

图 5-107　路径　　　　　图 5-108　底部圆　　　　　图 5-109　顶部圆

图 5-110　茶壶嘴

（3）绘制茶壶柄

1）用样条曲线绘制手柄路径，如图 5-111a 所示。

2）将坐标系（UCS 命令）移动到路径端点并沿 Y 轴旋转 90°，绘制长轴为 8、短轴为 4 的椭圆，如图 5-111b 所示。

3）选择扫描工具 🌀，将椭圆沿路径进行扫描，如图 5-111c 所示。

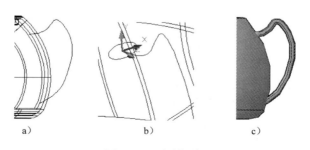

a）　　　　　　　b）　　　　　　　c）

图 5-111　扫描手柄

a）路径　b）椭圆　c）手柄

（4）布尔运算

1）对茶壶嘴、茶壶体、茶壶柄作布尔并运算 ⬭，效果如图 5-112a 所示。

2）做布尔差运算 ⬭，将上一步合并后的整体减去小的茶壶嘴。

3）将茶壶体的内轮廓转换成面域后旋转一周成茶壶体内部实体，如图 5-112b 所示。

4）再做布尔差运算 ⬭，将上一步合并后的整体减去茶壶体内部，效果如图 5-112c 所示。

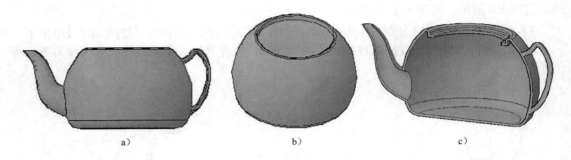

a)   b)   c)

图 5-112　布尔运算

a）布尔并运算　b）茶壶体内部实体　c）布尔差运算

（5）绘制茶壶盖

1）绘制图 5-113a 的轮廓图形。

2）将轮廓线向内偏移 2 个单位并作连接、修剪和倒圆角后做成一个面域 ⬭ 如图 5-113b 所示。

3）将图 5-113b 旋转 ⬭ 一周得到图 5-113c。

图 5-113　茶壶盖

a）轮廓线　b）面域　c）旋转实体

5.2.5　练习题

5-7　绘制如图 5-114 所示的立体模型。

5-8　绘制如图 5-115 所示的立体模型。

5-9　绘制如图 5-116 所示的立体模型。

5-10　绘制如图 5-117 所示的立体模型。

5-11　绘制如图 5-118 所示的立体模型。

5-12　绘制如图 5-119 所示的立体模型。

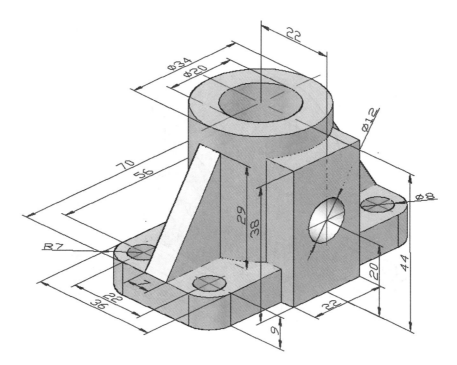

图 5-114　习题 5-7 图形

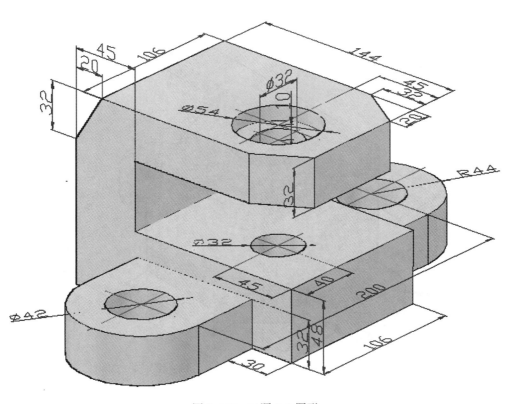

图 5-115　习题 5-8 图形

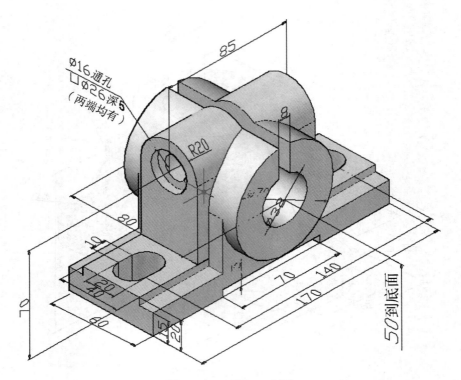

图 5-116　习题 5-9 图形

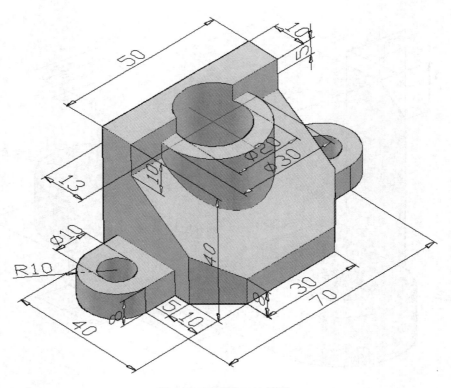

图 5-117　习题 5-10 图形

174

注：
1. 圆管外径为22
2. 圆管中心线尺寸如左图

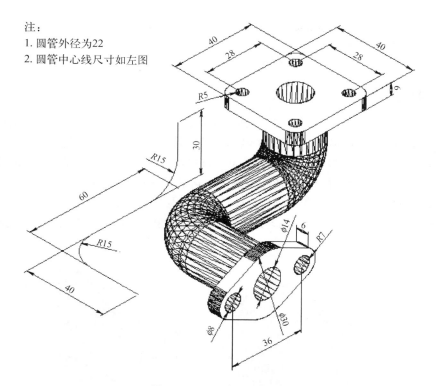

图 5-118 习题 5-11 图形

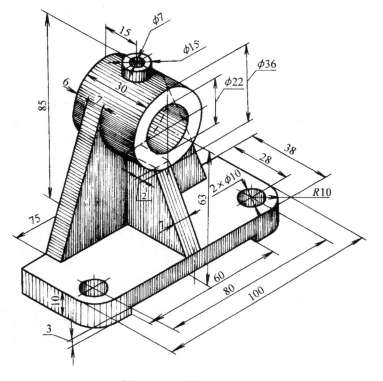

图 5-119 习题 5-12 图形

项目 **5.3**　缸体建模

5.3.1　项目描述

在创建实体的过程中将用到 UCS 坐标、面域、布尔运算、拉伸、旋转、剖切及面着色等工具。本项目的重点和难点在于 UCS 坐标调整，拉伸、旋转工具的运用。

图 5-120 缸体的实体建模，先通过拉伸、布尔差运算的方法生成底板，然后调整坐标系绘制缸体一半剖面的封闭面域，旋转产生缸体，再调整坐标系后用拉伸、旋转、布尔差运算的方法生成上部的油孔。要注意底板和缸体之间的连接部分的建模方法。

通过图 5-120 缸体实体建模的练习，可熟悉和掌握类似机械零件实体建模的思路和方法。

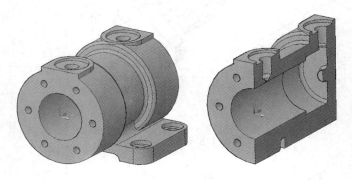

图 5-120　缸体

5.3.2　项目实施

选择"三维建模"工作空间。

1）绘制如图 5-121 所示的缸体底座平面图。

2）将平面轮廓转换成面域▣，对面域做布尔差运算◉，拉伸▣12 个单位成实体，如图 5-122 所示。

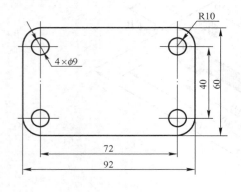

图 5-121　底座平面图

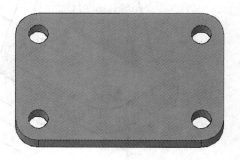

图 5-122　底座实体

3）将坐标系（UCS 命令）移动到底面边线中点上并调整 XY 坐标平面，在该坐标系下绘制图 5-123 的轮廓。

4）将第 3 步绘制的轮廓转换为面域，拉伸 ⬚ 该面域 60 个单位（高度-60），做布尔差运算 ◎，效果如图 5-124 所示。

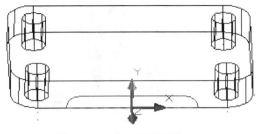

图 5-123　底座底面面域

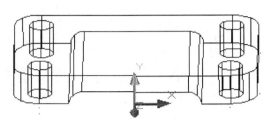

图 5-124　布尔差运算

5）将坐标系（UCS 命令）移动到上表面边线中点上并调整 XY 坐标平面，如图 5-125 所示。

6）从坐标原点向上追踪 28 个单位（记为 A 点）开始绘制直线，绘制好的轮廓如图 5-126 所示，图中圆角为 R2。

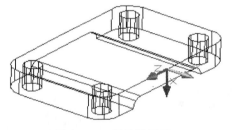

图 5-125　调整坐标系

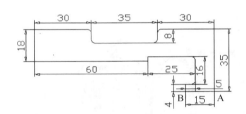

图 5-126　缸体轮廓

7）将上一步绘制的轮廓转换成一个面域，将该面域绕 AB 轴线旋转 ⬚，效果如图 5-127 所示。

8）将坐标系（UCS 命令）移动到底座上表面边线中点上并调整 XY 坐标平面。在当前坐标系下绘制圆心在 A 点（旋转轴线端点）的 $\phi 55$ 的圆，在底座上边沿处绘制直线 CD，在圆和直线之间作 R5 的圆角 ⬚。将旋转体隐藏，如图 5-128 所示。

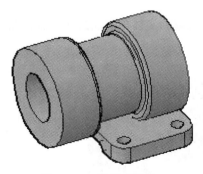

图 5-127　旋转成实体

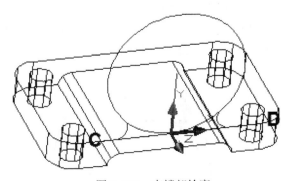

图 5-128　支撑部轮廓

9）修剪第 8 步绘制的多余线条并将轮廓转换为面域 ⬚，将该面域拉伸 ⬚ 60 个单位（高度-60），如图 5-129 所示。

10）对第 9 步拉伸的实体、第 2 步拉伸的实体和第 7 步旋转的实体做布尔并运算⊚，得到一个新的整体，如图 5-130 所示。

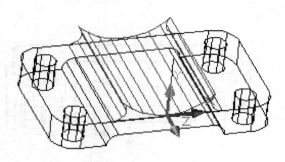

图 5-129　旋转成实体

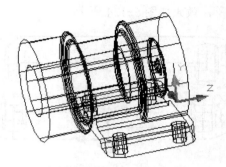

图 5-130　支撑部轮廓

11）将坐标系（UCS 命令）调整到左端面圆的象限点处并调整 XY 平面，如图 5-131 所示。

12）在点（15，0）处绘制ϕ30 的圆，在圆的象限点处绘制矩形（15×30），如图 5-132 所示。

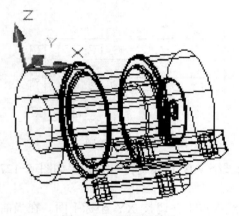

图 5-131　调整坐标系

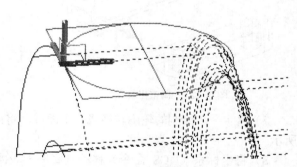

图 5-132　绘制轮廓

13）修剪圆和矩形的多余线条，将修剪后的轮廓转换成面域，将该面域向下拉伸🗗10个单位，如图 5-133 所示。

14）将拉伸的实体向右镜像⚠，将 13、14 两步拉伸及镜像的实体与前面的实体进行布尔并运算⊚，如图 5-134 所示。

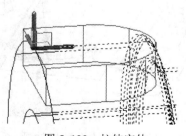

图 5-133　拉伸实体

图 5-134　镜像

15）将坐标系（UCS 命令）沿 X 轴方向移动 15 个单位并绕 X 轴转 90º，如图 5-135 所示。

16）从坐标原点处开始绘制如图 5-136 所示的轮廓（斜线和竖直线之间的夹角为 60°）。

17）将上一步绘制的轮廓转换成面域，将面域旋转 ⬚ 成实体如图 5-137 所示。

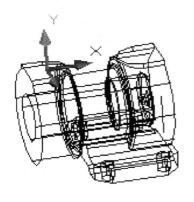

图 5-135　调整坐标系

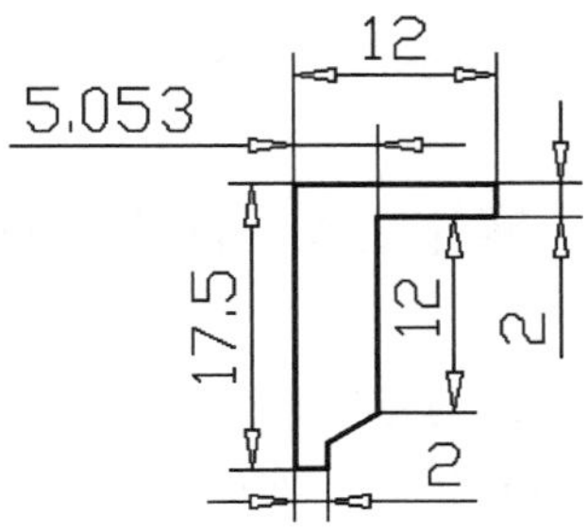

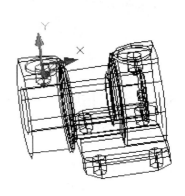

图 5-136　绘制轮廓

图 5-137　旋转成实体

18）将上一步旋转的实体向右 65 个单位复制 ⬚ 一份，做布尔差运算 ⬚ 从整体里面减去 17 步旋转的实体和 18 步复制的实体，如图 5-138 所示。

19）将坐标系（UCS 命令）调整到底座上端面圆孔中心处，如图 5-139 所示，再绕 X 轴旋转 90º。

20）在圆心处绘制 φ15 的圆，向下拉伸 ⬚ 3 个单位，复制 ⬚ 四份，做布尔差运算 ⬚，如图 5-140 所示。

图 5-138　布尔差运算

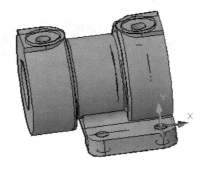

图 5-139　调整坐标系

图 5-140　旋转/布尔差

21）将坐标系（UCS 命令）调整到缸体左端面圆孔中心处，如图 5-141 所示。

22）从原点处沿 Y 轴方向追踪 26 个单位开始绘制图 5-142 所示的轮廓，将该轮廓转换成一个面域 ⬚，将面域旋转 ⬚ 成实体。

23）调整坐标系，绕 Y 轴旋转 90º，将上一步的旋转实体做 6 份环形阵列 ⬚，再做布尔差运算 ⬚，如图 5-143 所示。

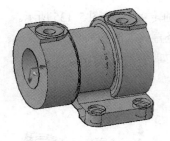

图 5-141　调整坐标系

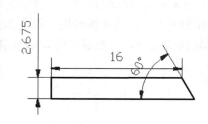

图 5-142　圆孔轮廓

图 5-143　旋转/布尔差

5.3.3　项目拓展——实体标注、实体生成三视图、渲染、足球建模

1. 实体标注

在 AutoCAD 中不仅可以标注二维对象的尺寸，还可以标注三维对象的尺寸。由于所有的尺寸标注都只能在当前坐标系的 XY 平面中进行，因此为了准确标注三维对象中各部分的尺寸，需要不断地调整用户坐标系（UCS）的 XY 平面为当前标注平面。

【例 5-3】　绘制并标注如图 5-144 所示图形。

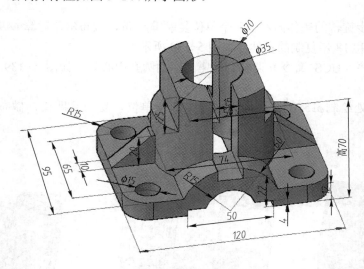

图 5-144　标注实体

1）绘制底部侧面轮廓，如图 5-145 所示。

2）将轮廓转换为面域 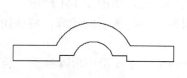 并拉伸 95 个单位，如图 5-146 所示。

图 5-145　绘制底座侧面

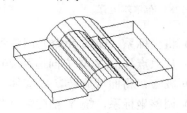

图 5-146　拉伸底座

3）调整坐标系（UCS 命令）XY 轴平面到上表面处，对棱边倒圆角 R15，如图 5-147 所示。

4）在圆角圆心处绘制 $\phi15$ 的圆并向下拉伸 12 个单位，在相应位置复制 4 份，然后做布尔差运算，如图 5-148 所示。

5）将坐标系（UCS 命令）移动到底面中心，然后向上移动 75 个单位（0，0，75），如图 5-149 所示。

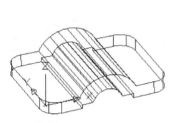

图 5-147　倒圆角

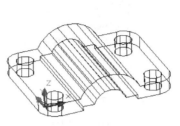

图 5-148　拉伸圆柱体

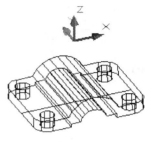

图 5-149　调整坐标系

6）在当前坐标原点处绘制 $\phi35$ 和 $\phi70$ 的圆，如图 5-150 所示，将两个圆向下拉伸 58 个单位（−58），如图 5-151 所示。

7）将坐标系（UCS 命令）移动到底板端面圆心处并调整 XY 平面，如图 5-152 所示。

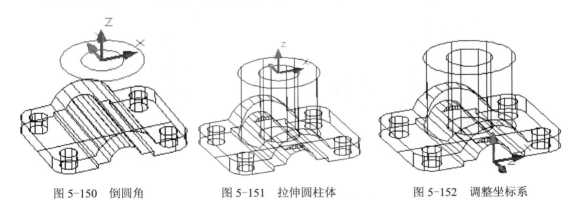

图 5-150　倒圆角　　　　　　图 5-151　拉伸圆柱体　　　　　　图 5-152　调整坐标系

8）在当前坐标系下绘制矩形，矩形顶点坐标（−7.5，22）（7.5，70），将矩形拉伸 95 个单位（−95，与 Z 轴反向），如图 5-153 所示。

9）将坐标系（UCS 命令）移动到底板上表面圆心处，如图 5-154 所示。

10）绘制如图 5-155 所示的轮廓并将轮廓转换为面域，将面域拉伸 10 个单位。

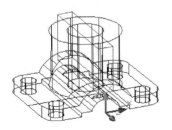

图 5-153　绘制长方体

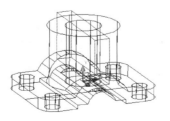

图 5-154　调整坐标系

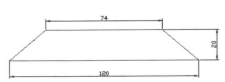

图 5-155　绘制加强筋轮廓

11）将拉伸的实体沿 Z 轴正方向移动 5 个单位，如图 5-156 所示。

12）将坐标系（UCS 命令）移动到第 9 步绘制的长方体棱边中点处，如图 5-157 所示。

13）在当前坐标系下绘制矩形 ▭，矩形顶点坐标（25，0）、（35，-25），将矩形向左复制一份，再将两矩形拉伸 95 个单位（-95，与 Z 轴反向），如图 5-158 所示。

图 5-156　拉伸加强肋　　　　图 5-157　调整坐标系　　　　图 5-158　绘制长方体

14）对第 2 步、第 6 步（φ70）、第 10 步拉伸的实体做布尔并运算 ◎，再从并集实体里做布尔差运算 ◎ 减去第 6 步（φ35）、第 8 步、第 13 步拉伸的实体，如图 5-159 所示。

15）将坐标系（UCS 命令）移动到底面圆心处，绘制 φ30 的圆并沿 Z 轴反向拉伸 ▱ 95 个单位，如图 5-160 所示，再从前面并集实体中做布尔差运算 ◎ 减去刚拉伸的 φ30 的圆柱。

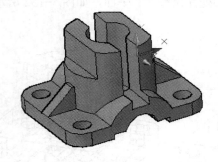
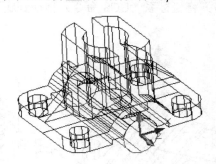

图 5-159　布尔运算　　　　　　　　　　图 5-160　底部布尔运算

16）在当前坐标系下标注图 5-161 的尺寸。

17）将坐标系（UCS 命令）移动到底板上表面处，标注如图 5-162 的尺寸。

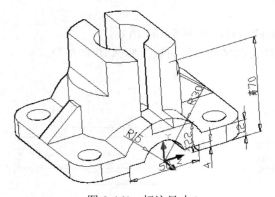
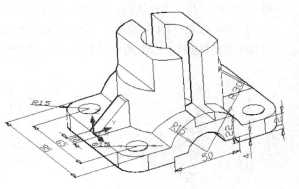

图 5-161　标注尺寸 1　　　　　　　　　图 5-162　标注尺寸 2

18）将坐标系（UCS 命令）移动到$\phi70$ 的圆柱上表面处，标注如图 5-163 的尺寸。

19）将坐标系（UCS 命令）调整到加强肋的上顶点处以及$\phi70$ 圆柱缺口处标注如图 5-164 的尺寸。

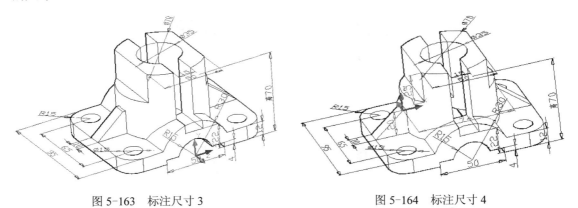

图 5-163　标注尺寸 3　　　　　　　　　　图 5-164　标注尺寸 4

2. 实体生成三视图

在 AutoCAD 中可以通过视口和视图工具在屏幕（图纸）上开多个视口并且调整每个视口的视图方向。这样可以将一个实体转换为三视图。

【例 5-4】 将例 5-3 中绘制的立体模型调整成如图 5-165 所示的视图窗口。

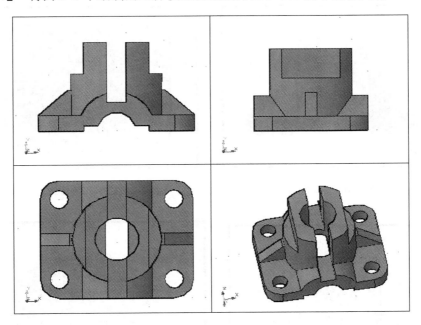

图 5-165　三视图

1）选择菜单"视图"→"视口"→"四个视口"，在屏幕上选择一个矩形窗口作为视口的窗口区域，如图 5-166 所示。

2）选择左上视口，将其转换为主视图 并调整大小，如图 5-167 所示。

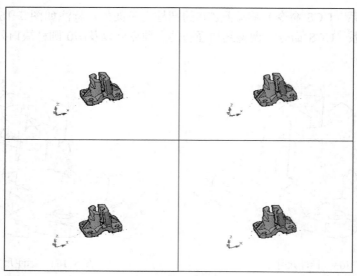

图 5-166　四个视口

3）选择左下视口，将其转换为俯视图 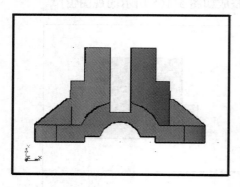并调整大小，如图 5-168 所示。

4）选择右上视口，将其转换为左视图 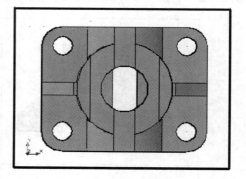并调整大小，如图 5-169 所示。

5）选择右下视口，将其转换为轴侧视图 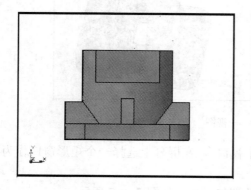并调整大小，如图 5-170 所示。

图 5-167　主视图

图 5-168　俯视图

图 5-169　左视图

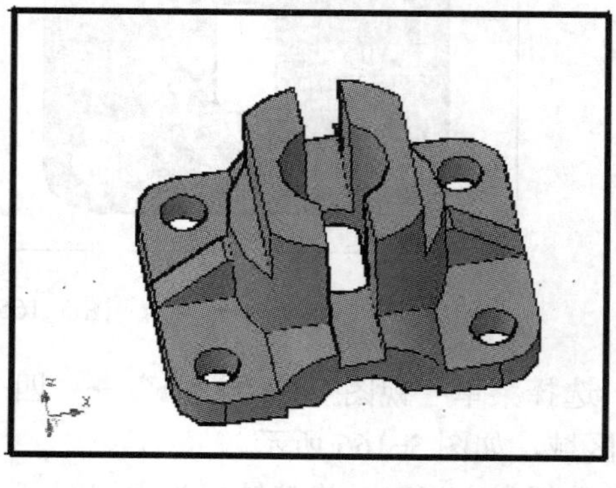

图 5-170　轴侧视图

3. 渲染

在 AutoCAD 中可以对物体设置灯光、地理位置（日光影响）、材质、贴图等选项来渲染实体以达到真实的效果。

启动"渲染"命令的方法如下：

- 选择"视图"菜单下的"渲染"子菜单。
- 选择"渲染"面板，"渲染"工具栏，"渲染"图标。
- 在命令行中输入"render"命令。

在打开的渲染窗口中可以快速渲染当前视口中的图形，如图 5-171 所示。其中右边的列表中显示了图像的质量、光源和材质等信息，在其下面的文件列表中，显示了当前渲染图像的文件名称、大小和渲染时间等信息。用户可以在"输出文件名称"选项下面选择渲染的图形文件后单击右键，选择其中的"保存"选项来保存图像文件。下面对光源、材质、贴图作简单介绍。

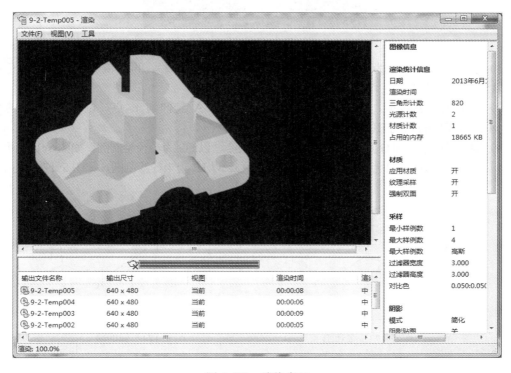

图 5-171　渲染窗口

- 设置光源：光源的应用非常重要，它由强度和颜色两个因素决定。光源不仅可以使用自然光，也可以使用点光源、平行光源以及聚光灯光源。对于灯光可以设置阴影效果。
- 设置材质：使用材质可以增强模型的真实感。
- 设置贴图：将图片映射到对象上称为贴图。通过更改对齐或采用适当的贴图方法来调整纹理的形状，可以指定与使用纹理相似的贴图形状，然后使用纹理贴图小控件来手动调整对齐。

4．足球建模

绘制图 5-172 所示的足球。

图 5-172　足球

1）绘制外接圆半径为 50 的正五边形（多边形内接于圆），再绘制等边长的两个正六边形（以边长的方式绘制正六边形），如图 5-173 所示。

2）分解正五边形 ，将 BA 延伸到 D 点，将 CA 延伸到 E 点，过 F 作 BD 的垂线 FG，过 H 作 CE 的垂线 HI，如图 5-174 所示。

3）调整坐标原点到 G 点（UCS），以 G 点为圆心、以 FG 为半径绘制圆，如图 5-175 所示。

4）调整坐标原点到 I 点（UCS），以 I 点为圆心、以 HI 为半径绘制圆，如图 5-176 所示。

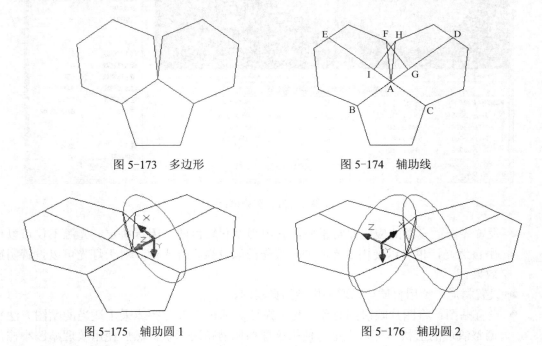

图 5-173　多边形　　　　　　　　图 5-174　辅助线

图 5-175　辅助圆 1　　　　　　　图 5-176　辅助圆 2

5）记两圆的交点为 J，连接 JA，如图 5-177 所示。

6）输入对齐命令（align），选择左边的正六边形为旋转对象，第一个源点为 A、第一个目标点为 A，第二个源点为 C、第二个目标点为 C，第三个源点为 F、第三个目标点为 J，如图 5-178 所示。

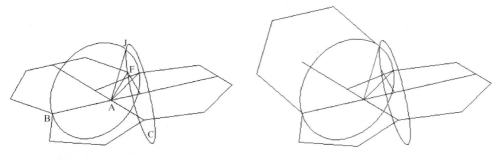

图 5-177 辅助线　　　　　　　　　　　　图 5-178 对齐

7）删除多余的线条，将坐标系调整到正五边形的面上，绘制正五边形的外接圆，将正六边形环形阵列 5 份（以底面圆心为阵列中心点），如图 5-179 所示。

8）将正五边形向上复制一份并对齐，如图 5-180 所示。

9）将对齐的正五边形环形阵列 5 份（以底面圆心为阵列中心点），如图 5-181 所示。

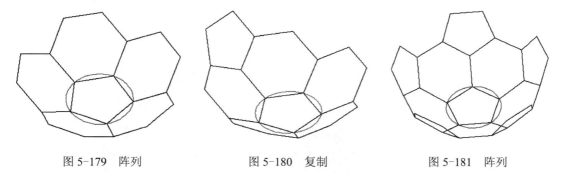

图 5-179 阵列　　　　　　图 5-180 复制　　　　　　图 5-181 阵列

10）用同样的方法继续向上复制和阵列多边形，如图 5-182 所示。

11）在球体对称点上绘制一直线，如图 5-183 所示。

12）以直线中点为圆心，以直线长度为直径绘制球体，如图 5-184 所示。

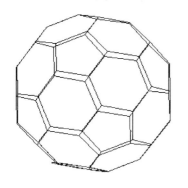
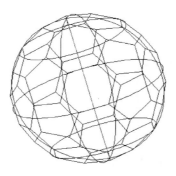

图 5-182 完成多边形　　　　　图 5-183 对角线　　　　　图 5-184 球体

13）使用剖切命令 ✂ 剖切(S)，将球体沿五边形各边和球心连线的面剖切，剖切后剩下的球体部分如图 5-185 所示。

14）以直线中点为圆心，绘制半径为 135 的球体，做布尔差运算，并对实体边沿做 R2 的圆角，赋予相应的黑色材质，如图 5-186 所示。

15）同 12、13、14 的步骤，绘制正六边形的实体并赋予相应的白色材质，如图 5-187 所示（图 5-187 中当前显示的颜色是由图层颜色决定的，材质的颜色需要渲染才能表达）。

16）用 7、8、9、10 的步骤和方法复制、对齐和阵列实体，如图 5-188 所示。

17）对球体进行渲染，如图 5-172 所示。

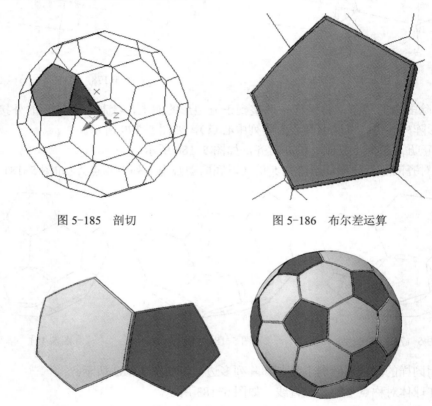

图 5-185　剖切　　　　　　　　　　图 5-186　布尔差运算

图 5-187　正六边形实体　　　　　　　图 5-188　球体

5.3.4　练习题

5-13　绘制如图 5-189 所示的立体模型。
5-14　绘制如图 5-190 所示的立体模型。
5-15　绘制如图 5-191 所示的立体模型。
5-16　绘制如图 5-192 所示的立体模型。
5-17　绘制如图 5-193 所示的立体模型。
5-18　绘制如图 5-194 所示的立体模型。

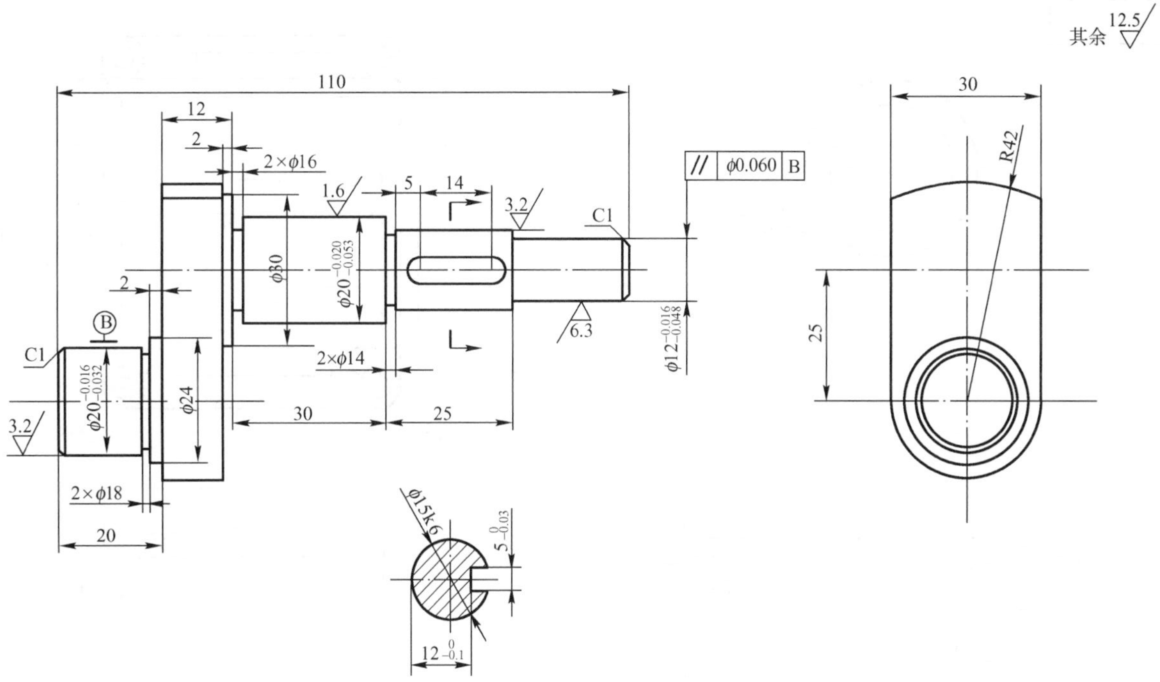

其余 12.5
110
12
2
2×ϕ16
1.6
5
14
3.2
C1
// ϕ0.060 B
B
C1
ϕ30
$\phi 20^{-0.020}_{-0.053}$
2
$\phi 20^{-0.016}_{-0.032}$
ϕ24
2×ϕ14
6.3
$\phi 12^{-0.016}_{-0.048}$
3.2
30
25
2×ϕ18
20
ϕ15k6
$5^{\ 0}_{-0.03}$
$12^{\ 0}_{-0.1}$
30
R42
25

偏 心 轴			比例	数量	材料	
制图		日期	（校名、班级、学号）			
审核						

图 5-189 习题5-13图形

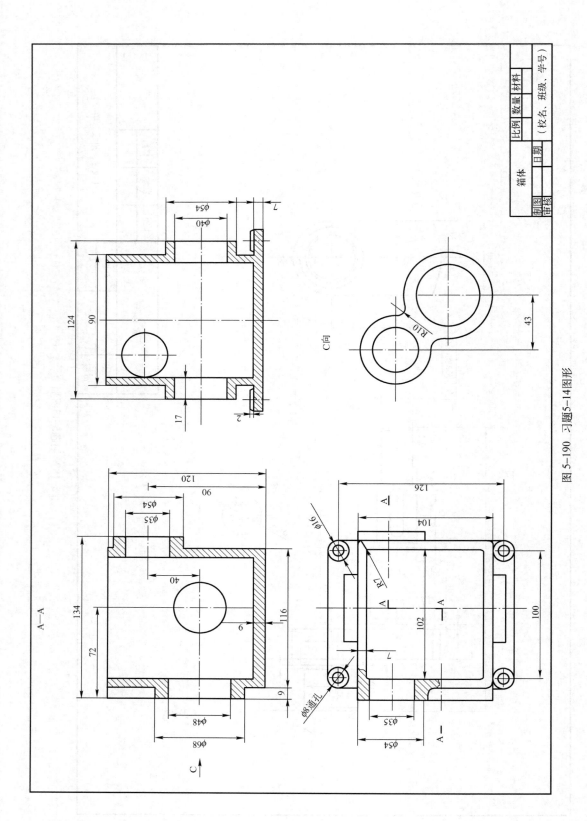

图 5-190 习题 5-14 图形

190

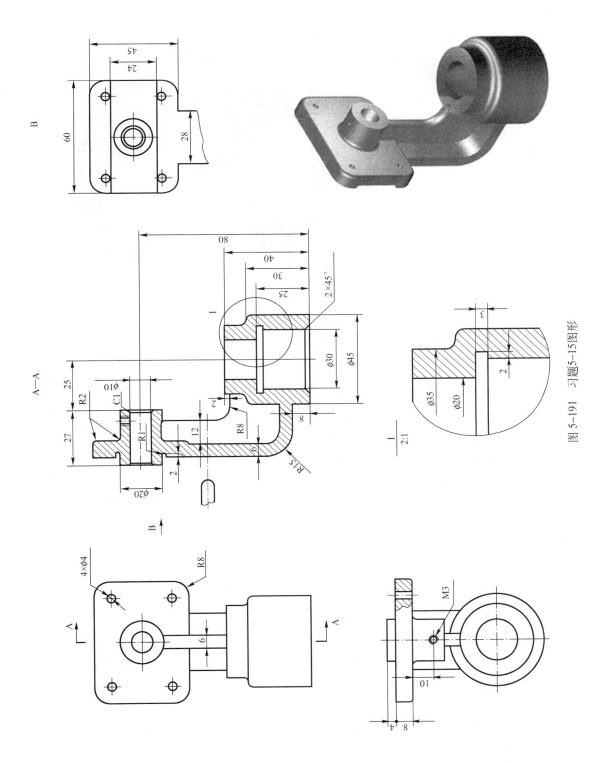

图 5-191 习题 5-15 图形

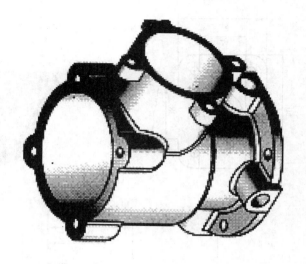

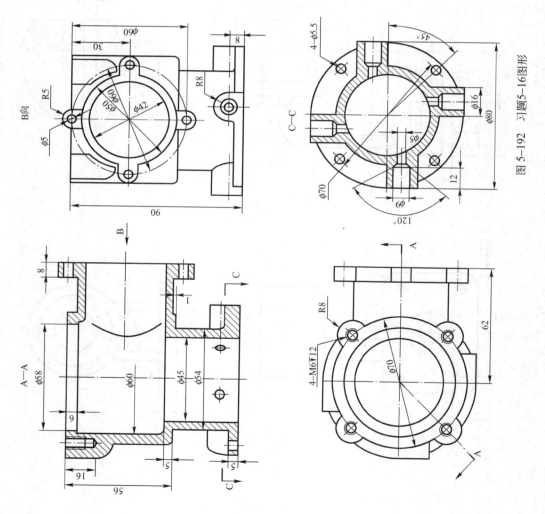

图 5-192　习题 5-16图形

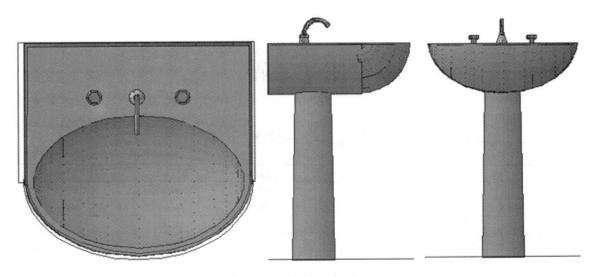

图 5-193　习题 5-17 图形

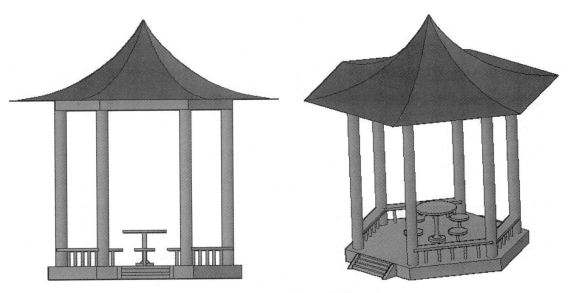

图 5-194　习题 5-18 图形

附　录

附录 A　AutoCAD 2013 常用命令一览表

简化命令	命令全名	命令功能注释	简化命令	命令全名	命令功能注释
绘图命令（DRAW）			MA	Matchprop	特性匹配
A	Arc	弧	MI	Mirror	镜像
B	Block	块	O	Offset	偏移
BO	Boundary	边界	RO	Rotate	旋转
C	Circle	圆	S	Stretch	拉伸
DO	Donut	圆环	SC	Scale	比例
EL	Ellipse	椭圆	TR	Trim	修剪
H	Hatch	剖面线	X	Explode	分解
L	Line	线	尺寸标注（DIMENSION）		
ML	Mline	多线	DLI	Linear	直线标注
PL	Pline	多义线	DAL	Dimaligned	对齐标注
POL	Polygon	多边形	DOR	Ordinate	坐标标注
PO	Point	点	DRA	Radius	半径标注
REC	Rectangle	矩形	DDI	Diameter	直径标注
REG	Region	面域	DAN	Angular	角度标注
RAY	Ray	射线	DBA	Baseline	基线标注
SPL	Spline	样条曲线	DCO	Continue	连续标注
T	Multi-Text	多行文字	LE	Leader	引线标注
DT	Single-Text	单行文字	TOL	Tolerance	形位公差
XL	xline	构造线	捕捉命令（OBJECT SNAP）		
修改命令（MODIFY）			END	Endpoint	端点
AR	Array	矩形阵列	MID	Midpoint	中点
BR	Break	打断	CEN	Center	中心点
CHA	Chamfer	倒角	NODE	Node	节点
CO	Copy	拷贝	QUA	Quadrant	象限点
E	Erase	删除	INT	Intersection	交点
EX	Extend	延伸	INS	Insertion	插入点
F	Fillet	圆角	PER	Perpendicular	垂直点
LEN	Lengthen	拉长	TAN	Tangent	相切点
M	Move	移动	NEAR	Nearest	最近点
视窗命令（VIEW）			MO	Modify	修改
Z	Zoom	缩放	LI	List	列举
P	Pan	移动	DI	Distance	测量距离
RE	Regen	重新生成	AREA	Area	测量面积
R(RA)	Redraw(all)	重画	Perimeter	Perimeter	测量周长

简化命令	命令全名	命令功能注释	简化命令	命令全名	命令功能注释
TO	Toolbars	工具栏	HE	Hatchedit	剖面线编辑
编辑命令（EDIT）			PR	preference	环境设定
U	Undo	取消	文件命令（FILE）		
Ctrl+Y	Redo	恢复	Ctrl+N	New	建立新文件
Ctrl+X	Cut	剪切	Ctrl+O	Open	打开文件
Ctrl+C	Copy	复制	Ctrl+S	Save	快速存盘
Ctrl+V	Paste	粘贴	W	Wblock	外部块
E	Erase	清除	Ctrl+P	Print	打印
格式命令（FORMAT）			三维绘图命令（3D）		
LA	Layer	图层	UCS	UCS	坐标转换
COL	Color	颜色	3DO	3dorbit	动态视窗
LT	Linetype	线型	SL	Slice	剖切
LTS	Ltscale	线型比例	SEC	Section	截面
ST	Text Style	文本类型	TH	Thickness	厚度设定
D	Diameter Style	标注设置	HI	Hide	隐藏
RM	Draw aids	绘图帮助	SHA	SHADEMODE	视觉样式
OS	Osnap	捕捉设置	RR	Render	渲染
I	Insert	插入	布尔运算（BOOLEAN）		
ED	Ddedit	编辑	SUB	Subtract	求减
PE	Polyline E	多义线编辑	UNI	Union	求并
SP	Spell	拼写检查	INT	Intersect	求交
CH	Change	转变			

附录 B　AutoCAD 2013 快捷键一览表

快捷键	快捷键功能注释	快捷键	快捷键功能注释
F1	获取帮助	Ctrl+N	新建图形文件
F2	实现作图窗口和文本窗口的切换	Ctrl+O	打开图形文件
F3	对象自动捕捉开关	Ctrl+P	打开打印对话框
F4	数字化仪控制开关	Ctrl+Q	退出文件
F5	等轴测平面切换	Ctrl+S	保存文件
F6	动态 UCS 开关	Ctrl+U	极轴模式控制（F10）
F7	栅格模式开关	Ctrl+V	粘贴剪切板上的内容
F8	正交模式开关	Ctrl+W	对象追踪控制（F11）
F9	栅格捕捉模式开关	Ctrl+X	剪切所选择的内容
F10	极轴模式开关	Ctrl+Y	重做
F11	对象捕捉追踪开关	Ctrl+Z	取消前一步的操作

快捷键	快捷键功能注释	快捷键	快捷键功能注释
Ctrl+A	全部选择	Ctrl+0	清理屏幕
Ctrl+B	栅格捕捉模式控制（F9）	Ctrl+1	打开特征窗口
Ctrl+C	将选择的对象复制到剪切板上	Ctrl+2	打开设计中心窗口
Ctrl+F	对象自动捕捉控制（F3）	Ctrl+3	打开工具选项板窗口
Ctrl+G	栅格显示模式控制（F7）	Ctrl+4	打开图纸集管理器窗口
Ctrl+J	重复执行上一步命令	Ctrl+5	打开信息选项板窗口
Ctrl+K	超级链接	Ctrl+6	打开数据库连接管理器窗口
Ctrl+M	打开选项对话框	Ctrl+7	打开标记集管理器窗口

参 考 文 献

[1] 陈在良，熊江. 计算机辅助设计——AutoCAD 2008 [M]. 北京：北京交通大学出版社，2008.

[2] 张选民. AutoCAD 2008 机械设计典型案例 [M]. 北京：清华大学出版社，2007.

[3] James D Bethune. 工程制图——AutoCAD 2005 [M]. 北京：电子工业出版社，2006.

[4] 邹宜侯，窦墨林，潘海东. 机械制图 [M]. 6 版. 北京：清华大学出版社，2012.

[5] 吴永明，沈建华，赵慧，邓秋军. 计算机辅助设计基础 [M]. 北京：高等教育出版社，2000.

[6] 胡滕，李增民. 精通 AutoCAD 2008 中文版 [M]. 北京：清华大学出版社，2007.

[7] 姜勇，李长义. 计算机辅助设计——AutoCAD 2002 [M]. 北京：人民邮电出版社，2004.

[8] 计算机专业委员会. AutoCAD 2002 试题汇编（绘图员级）[M]. 北京：北京希望电子出版社，2003.

[9] 计算机专业委员会. AutoCAD 2002/2004 试题汇编（高级绘图员级）[M]. 北京：北京希望电子出版社，2003.

[10] 姚涵珍，陆文秀，周苓芝，周桂英. 机械制图（非机类）[M]. 天津：天津大学出版社，2003.

[11] 刘力. 机械制图[M]. 2 版. 北京：高等教育出版社，2004.

精品教材推荐

机械设计基础

书号：ISBN 978-7-111-30909-3

作者：闵小琪　　　定价：28.00 元

推荐简言：

　　本书是编者结合多年从事教学、生产的经验编写而成，突出了高等职业教育的特点。本书配有多媒体教学光盘，内容包括教学用 PPT 及动画演示，把教学内容与动画演示完全融合为一体。

　　本书配有《机械设计基础课程设计》（ISBN 978-7-111-32065-4）。

机械制造基础（第 2 版）

书号：ISBN 978-7-111-08293-1

作者：苏建修　　　定价：34.00 元

获奖情况：

　　普通高等教育"十一五"国家级规划教材

推荐简言：本书内容全面，在第 2 版中介绍了很多新工艺、新技术，编写质量高，非常受读者欢迎。电子教案配有习题答案、测试题等，方便教师选用。

机械制图

书号：ISBN 978-7-111-29611-9

作者：于景福　　　定价：21.00 元

推荐简言：

　　本书采用我国最新颁布的有关制图标准，主要培养学生的读图和绘图能力。学完本课程后，学生能够绘制和阅读机械零件图和装配图。

　　本书配有《机械制图习题集》（ISBN 978-7-111-30549-1）。

工程制图（非机械类）

书号：ISBN 978-7-111-33003-5

作者：于梅　　　定价：29.00 元

推荐简言：

　　本书采用我国最新颁布的有关制图标准，主要培养学生的读图和绘图能力。本书主要供非机械类专业学生使用。

　　本书配有《工程制图习题集（非机械类）》（ISBN 978-7-111-32548-2）。

AutoCAD 2010 基础与实例教程

书号：ISBN 978-7-111-32849-0

作者：陈平　　　定价：30.00 元

推荐简言：

　　本书以典型零件或产品为载体来讲解 AutoCAD 2010，循序渐进地介绍各种常用的绘制命令，以及绘制典型二维图形和三维图形的方法与技巧。

Mastercam 应用教程（第 3 版）

书号：ISBN 978-7-111-32295-5

作者：张延　　　定价：28.00 元

推荐简言：

　　本书前两版都经过市场的检验，销量一直非常好。本书是在第 2 版的基础上，以 MastercamX 为蓝本，通过大量实例，以数控编程方法和思路为导向，讲解 Mastercam 的基础知识和应用技能。

精品教材推荐

数控机床故障诊断与维修技术（FANUC 系统）（第 2 版）

书号：ISBN 978-7-111-27264-9

作者：刘永久　　　定价：36.00 元

推荐简言：

　　本书作者是长春一汽高等专科学校的骨干教师，经常参与工厂数控机床的维修与改造，积累了大量的实际经验。读者普遍反映通过本书的学习，可以获得实际操作技能。

数控加工编程与操作

书号：ISBN 978-7-111-32784-4

作者：杨显宏　　　定价：22.00 元

推荐简言：

　　本书以数控加工的编程与操作为主线贯穿全书内容，书中配有大量实例、实训项目和习题，应用实例结合生产实际，突出了内容的先进性、技术的综合性，全面提高高职学生的综合能力。

Pro/ENGINEER 5.0 应用教程

书号：ISBN 978-7-111-35772-8

作者：张延　　定价：32.00 元

推荐简言：

　　本书详细介绍了 Pro/ENGINEER 5.0 的主要功能和使用方法，突出实用性，采用大量实例，操作步骤详细，系统性强，使读者在实践中迅速掌握该软件的使用方法和技巧。在每章最后均配有习题，便于读者上机操作练习。

UG NX5 中文版基础教程

书号：ISBN 978-7-111-24153-9

作者：郑贞平　　　定价：29.00 元

推荐简言：

　　本书从工程实用角度出发，采用基础加实例精讲的形式，详细介绍了 UG NX5 中文版的基本功能、基本过程、方法和技巧。本书配套实例和练习有关内容的光盘。

冷冲压工艺与模具设计（第 2 版）

书号：ISBN 978-7-111-25604-

作者：陈剑鹤　　　定价：32.00 元

获奖情况：

　　2009 年度普通高等教育精品教材

　　普通高等教育"十一五"国家级规划教材

推荐简言：内容上兼顾理论基础和设计实践两个方面，用较大篇幅介绍了各种模具的设计案例，体现了项目导向、任务驱动的教学理念。

模具设计基础（第 2 版）

书号：ISBN 978-7-111-11507-

作者：陈剑鹤　　　定价：32.00 元

推荐简言：

　　作者陈剑鹤教授是一位具有丰富教学经验和模具设计经验的优秀教师，善于将先进的教学理念和生产实践中的经验总结融入教材当中。

　　本书通过典型案例讲解了冷冲模和塑料模的工艺与设计，年调拨量近万册。

S7–200 PLC 基础教程（第 2 版）

书号：ISBN 978-7-111-17947-4

作者：廖常初　　　　定价：25.00 元

推荐简言：本书有别于其他 PLC 教材之处在于，介绍了编程软件和仿真软件的使用方法、模拟量、子程序和中断程序、高速输入高速输出、PID 控制的编程方法等。介绍了只需要输入一些参数，就能自动生成用户程序的编程向导的使用方法。实验指导书中有 16 个紧密结合教学内容的实验。可以为教师提供电子教案。

PLC 基础及应用（第 2 版）

书号：ISBN 978-7-111-12295-1

作者：廖常初　　　　定价：23.00 元

获奖情况：普通高等教育"十一五"国家级规划教材

推荐简言：本书以三菱 FX 系列 PLC 为讲授对象，介绍了 PLC 控制系统的设计和调试方法，提高系统可靠性和降低硬件费用的方法等内容，提供了编程器与编程软件的使用指南和内容丰富的实验指导书。为教师提供了制作电子教案用图。本书自 2003 年出版以来已 9 次印刷。

电工与电子技术基础（第 2 版）

书号：ISBN 978-7-111-08312-2

主编：周元兴　　　　定价：39.00 元

获奖情况：

　　2008 年度普通高等教育精品教材

　　普通高等教育"十一五"国家级规划教材

推荐简言：本书在第 1 版的基础上，融合新的职业教育理念，进行了修订改版。本书内容全面、图文并茂，并新增了实践环节。

单片机原理与控制技术（第 2 版）

书号：ISBN 978-7-111-08314-6

作者：张志良　　　　定价：36.00 元

推荐简言：

　　本书力求降低理论深度和难度，文字叙述通俗易懂，习题丰富便于教师布置。突出串行扩展技术，注意实用实践运用，所配电子教案内容详尽，接近教学实际。有配套的《单片机学习指导及与习题解答》可供选用。

传感器与检测技术

书号：ISBN 978-7-111-23503-3

作者：董春利　　　　定价：24.00 元

获奖情况：省级精品课程配套教材

推荐简言：

　　本书作者董春利教授具有丰富的生产实践和教学经验。本书的特点在于结合工程实践来讲解传感器技术及其应用，内容简练、实例丰富、图文并茂，每章都配有习题与思考题。

自动化生产线安装与调试

书号：ISBN 978-7-111-34438-4

作者：何用辉　　　　定价：39.00 元

推荐简言：

　　本书为校企合作、工学结合的特色改革教材，基于工作过程组织内容，内容充实，书中重点内容均配有实物图片，提高学习效率。配套超值光盘，包含：教学课件、实况视频、动画仿真等多种课程教学配套资源。